EL GUERRERO CREYENTE

Por Qué los Creyentes Deben Servir en el Ejército

Nahum Meléndez, PhD, MDiv, BCC-APC

DEDICACIÓN

Dedico este libro a mi esposa, Verónica, y a mi hija, Dalía, quienes han sido mi mayor motivación para escribir esta obra. También a mi familia, cuyo apoyo y ánimo constantes han sido fundamentales en este camino.

El Guerrero Creyente: Por Qué los Creyentes Deben Servir en el Ejército.
Derechos de autor © 2025 by Nahum I Meléndez

Todos los derechos reservados. Ninguna parte de este libro puede ser reproducida o transmitida en ninguna forma ni por ningún medio, sin el permiso escrito del autor.

Publicado por Nahum Meléndez.
Impreso por Lulu.com
ISBN 978-1-7365704-1-8

Tabla de Contenido

PRÓLOGO

INTRODUCCIÓN

PARTE I—El Debate de Ingresar
    CAPÍTULO 1: ¿Debe un inmigrante unirse al ejército?
    CAPÍTULO 2: Ventajas y desventajas de ser un militar
    CAPÍTULO 3: La oposición opina...
    CAPÍTULO 4: Dios podría tener un plan para ti
    CAPÍTULO 5: ¿Matar o no matar?

PARTE II — Las Fuerzas Élite en la Biblia
    CAPÍTULO 6: ¿Son bíblicas las fuerzas armadas?
    CAPÍTULO 7: Combate bíblico en la Biblia
    CAPÍTULO 8: Entrenamiento militar vs espiritual
    CAPÍTULO 9: ¿Cuál es el trabajo de un guerrero?

PARTE III — La Tarea de Preparación
    CAPÍTULO 10: El campamento básico no es para cobardes
    CAPÍTULO 11: "Levántate y anda"
    CAPÍTULO 12: La experiencia de conversión

PARTE IV — Entrando en Guerra
    CAPÍTULO 13: El código Morse
    CAPÍTULO 14: Estrategias de combate
    CAPÍTULO 15: El enemigo ataca sin misericordia

PRÓLOGO

TODO COMIENZA CON UNA PREGUNTA. Una que resuena en llamadas telefónicas a medianoche, en salas llenas de nerviosismo, y en lágrimas silenciosas acompañadas de oración: *¿Puede un creyente servir en el ejército y aun así honrar a Dios?*

La he escuchado dicha con labios temblorosos y con voz firme. La he oído de jóvenes soñadores y de padres agotados. La he escuchado de quienes ya visten el uniforme y de aquellos que se encuentran en la encrucijada, sin saber qué camino tomar.

Esta pregunta rara vez nace de la rebeldía. Más bien, surge desde una integridad inquieta. Un joven, profundamente convencido, hambriento de propósito, luchando por entender lo que significa ser, al mismo tiempo, un soldado y un siervo de Cristo. Preguntan:

- *¿Debo unirme al ejército siendo creyente?*
- *¿Y si me entregan un arma y tengo que matar a alguien?*
- *¿El ejército me quitará mi libertad religiosa?*
- *¿Aprender artes marciales y técnicas de combate agradará a Dios?*
- *¿Estaré traicionando la fe de mi familia al decidir servir?*

He mirado a los ojos de quienes preguntan, y en ellos he visto a una versión más joven de mí mismo—lleno de incertidumbre, en búsqueda, dividido entre el deseo de servir y el temor de abandonar sus convicciones más sagradas. Estas no son preguntas triviales. Merecen más que respuestas superficiales. Merecen la voz de alguien que ha estado en ese mismo umbral.

Biografía Corta

Desde muy joven supe lo que era vivir con incertidumbre, pero nunca imaginé que el uniforme militar me llevaría a encontrar propósito, disciplina y un llamado más profundo. Lo que comenzó como una decisión impulsada por la necesidad y el deseo de estabilidad, se transformó en una trayectoria de servicio con sentido eterno. En lugar de alejarme de mi fe, la vida militar me empujó a replantearla, vivirla, y finalmente, a predicarla.

He servido ya por casi dieciséis años, primero como infante de marina y ahora como oficial y capellán naval. Estas experiencias no solo formaron mi carrera, sino también mi teología, mi paternidad, mi hombría y mi llamado al ministerio. El ejército no me quitó la fe—la refinó. No borró mis convicciones—las puso a prueba, las quemó y las reconstruyó más fuertes. Mi camino no fue uno de claridad impecable. No era un seminarista idealista el día que levanté mi mano derecha. Era un joven que había abandonado la universidad, con su primer carro destruido, un corazón lleno de ira y una adicción lista para consumirlo. Mis padres se estaban divorciando. Mi fe se deshilachaba. Estaba desesperado por dirección, sediento de identidad, y persiguiendo cualquier cosa que me diera un falso sentido de control. No me enlisté en los Marines por heroísmo. Me enlisté para sobrevivir.

Pero lo que no comprendía entonces—y ahora entiendo con claridad—es que Dios ya se había escrito en mis órdenes. Que Parris Island no fue un desvío del ministerio, sino el comienzo de él. En un mundo lleno de confusión espiritual y compromiso moral, el campo de batalla se convirtió en mi aula, mi santuario y mi púlpito. Este libro existe porque nadie me ofreció una respuesta fiel, sólida, bíblica y realista a las preguntas que yo mismo cargaba. Y le prometí a Dios que si algún día me daba claridad, yo se la daría a otros. Eso es lo que tienes ahora en tus manos: no solo un libro, sino una conversación entre yo y cada guerrero que se pregunta si ha sido llamado.

Permíteme contarte brevemente a dónde me ha llevado esta convicción. Obtuve un doctorado en Desarrollo Humano, escribiendo mi disertación sobre el daño moral—específicamente entre enfermeras de trauma que, al igual que los veteranos de combate, cargan heridas más profundas que las que la carne puede mostrar. Completé la Educación Pastoral Clínica (CPE) bajo la Asociación para la Educación Pastoral Clínica (ACPE), una entidad que hoy me reconoce como Capellán Certificado por la Junta.[1] He recibido la responsabilidad de acompañar a personas en momentos de muerte, duelo, adicción, suicidio, crisis de fe y decisiones imposibles—tanto dentro como fuera del uniforme.

Mi formación abarca la teología, la psicología, el ministerio y el liderazgo. Desde Puerto Rico hasta Michigan, y en instalaciones militares por todo el país, he entregado mi vida a la búsqueda de la verdad, la compasión y el propósito. He servido como pastor de iglesia local, obtenido una Maestría en Divinidad y estoy por finalizar un MBA. Pero nada de esto habría sido posible si no hubiese tomado una decisión, con miedo y media entrega, de entrar a una oficina de reclutamiento y decir: *"Necesito algo diferente."* Dios tomó ese momento—no mi fuerza, no mi disciplina—y comenzó a moldear algo sagrado a partir de él.

Cómo Nació Este Libro

Este libro nació a lo largo de años de estudio, despliegues militares, fracasos, restauración y profunda reflexión. Es a la vez práctico y teológico, profundamente personal y sin disculpas, bíblico. Mi objetivo no es argumentar que todos los cristianos deban unirse a las fuerzas armadas. Pero sí argumentaré—con firmeza, fidelidad y convicción—que si Dios te llama a ese lugar, no debes rechazarlo simplemente porque incomoda a otros.

Apocalipsis 12 nos habla de una guerra que no comenzó en la Tierra, sino en el Cielo. Allí, Miguel y sus ángeles lucharon contra el dragón. El

---

[1] Association of Clinical Pastoral Education, "Accreditation," accessed November 30, 2020, https://acpe.edu/programs/accreditation.

mal no nació en el campo de batalla—nació en la rebelión contra el orden de Dios. Y de esa guerra vino el exilio. De ese exilio surgió el engaño. Y de ese engaño, el dragón ahora hace guerra contra el *"remanente de su descendencia",* aquellos que guardan los mandamientos de Dios y tienen el testimonio de Jesús.

No se puede leer Apocalipsis 12 y permanecer espiritualmente neutral. *O estás en la guerra, o vives sin darte cuenta de ella.*

7 Estalló entonces una guerra en el cielo: Miguel[a] y sus ángeles pelearon contra el dragón. Y el dragón y sus ángeles pelearon,
8 pero no prevalecieron, ni fue hallado más el lugar de ellos en el cielo.
9 Y fue arrojado el gran dragón, la serpiente antigua[b] que se llama diablo y Satanás, el cual engaña a todo el mundo. Fue arrojado a la tierra, y sus ángeles fueron arrojados junto con él.
10 Oí una gran voz en el cielo que decía: "¡Ahora ha llegado la salvación y el poder y el reino de nuestro Dios, y la autoridad de su Cristo! Porque ha sido arrojado el acusador de nuestros hermanos, el que los acusaba día y noche delante de nuestro Dios.
11 Y ellos lo han vencido por causa de la sangre del Cordero y de la palabra del testimonio de ellos, porque no amaron sus vidas hasta la muerte.
12 Por esto, alégrense, oh cielos, y los que habitan en ellos. ¡Ay de la tierra y del mar! Porque el diablo ha descendido a ustedes y tiene grande ira, sabiendo que le queda poco tiempo".
13 Y cuando el dragón vio que había sido arrojado a la tierra, persiguió a la mujer que había dado a luz al hijo varón.
14 Pero le fueron dadas a la mujer dos alas de gran águila, para volar de la presencia de la serpiente, al desierto, a su lugar donde recibe alimento por un tiempo, y tiempos y la mitad de un tiempo.
15 Tras la mujer, la serpiente echó de su boca agua como un río, para que ella fuese arrastrada por el torrente.
16 Pero la tierra ayudó a la mujer. Y la tierra abrió su boca y tragó por completo el río que el dragón había echado de su boca.
17 Entonces el dragón se enfureció contra la mujer, y se fue para hacer

guerra contra los demás descendientes de ella, quienes guardan los mandamientos de Dios y tienen el testimonio de Jesucristo.

- Versión Reina Valera Actualizada

Aquí tienes razones por las cuales DEBES continuar leyendo:

#1 Razón. Si eres un joven que se pregunta si el ejército es para ti, este libro es para ti. Exploraremos las ventajas y desventajas del servicio militar desde la perspectiva de alguien que no teme compartir el impacto biológico, psicológico, social y espiritual que puede tener en tu vida.

#2 Razón. Si eres un padre o madre cuyo hijo se ha acercado con esta inquietud y estás preocupado de que el ejército pueda poner a prueba su fe, o incluso alejarlo de ella, entonces sigue leyendo.

#3 Razón. Si eres pastor, anciano, líder de iglesia, vecino, amigo o pareja sentimental y alguien se te ha acercado con estas preguntas y no sabes cómo responder, este libro te ayudará a considerar respuestas alternativas. Quizá se trate del mismo joven que teme preguntarle a sus propios padres, por miedo a que le digan "no" sin antes comprender lo que implica esta estructura militar.

Aquí tienes razones por las cuales NO DEBERÍAS continuar leyendo:

#1 Razón. Si estás completamente en contra del servicio militar por diversas razones: falta de conocimiento exegético, influencia de alguien que solo sirvió como enlistado, prejuicios heredados de tu familia sobre el mal y la guerra; o simplemente porque te opones a aprender sobre este tema.

#2 Razón. Si no crees que alguien alguna vez te preguntará sobre las implicaciones éticas y morales de un creyente al unirse al ejército, o si simplemente ya estás en una etapa avanzada de la vida y no crees que puedas influenciar a las generaciones futuras.

INTRODUCCIÓN

SIEMPRE HA EXISTIDO UNA tensión —una tensión santa— entre la fe y la guerra, entre la espada y el santuario, entre el campo de batalla y el altar. Y por generaciones, los temerosos de Dios han luchado con una pregunta persistente: ¿Puedo servir a Dios y a mi país sin traicionar a ninguno de los dos?

Esta pregunta ha llenado incontables páginas de libros, sermones, artículos y debates teológicos. Pero, siendo honesto, muchas de esas voces suenan vacías para quienes hemos vestido el uniforme. Hablan desde la teoría, no desde la experiencia. Argumentan desde la distancia, no desde las trincheras. Y aunque sus intenciones puedan ser sinceras, sus conclusiones con frecuencia dejan heridas profundas— especialmente cuando desacreditan a los creyentes que han puesto su vida en riesgo en lugares donde la mayoría de los pastores nunca caminarán.

He pasado horas, quizás demasiadas, leyendo lo que llamo críticas cómodas—aquellas escritas con claridad moral pero con poco conocimiento militar. Entre ellas, un libro titulado I Pledge Allegiance, un intento bien intencionado de desalentar el servicio cristiano en las fuerzas armadas. Pero al pasar sus páginas, me invadió una profunda tristeza. No porque el autor no tuviera compasión, sino porque su mensaje retrataba a cada soldado, marinero, aviador y marine cristiano como espiritualmente comprometido. Sus conclusiones, basadas en un breve paso por el servicio militar durante la década de 1980, parecían eclipsar la complejidad del llamados—ignorando el verdadero valor moral que se requiere para servir tanto a Cristo como al país en tiempos de guerra.

Uno de los autores, un estudiante laico de seminario y candidato a doctorado en teología sistemática, escribe desde una perspectiva académica. El otro, un pastor que completó un solo período de servicio de siete años, habla desde su limitada experiencia con el uniforme. En su favor, ambos buscan proteger a los jóvenes creyentes de los compromisos espirituales que ellos mismos enfrentaron o temieron. Respeto su transparencia y su preocupación por la próxima generación. Pero creo que han pasado por alto algo vital—algo que solo se descubre cuando se ha servido lo suficiente como para ver a Dios obrar en las trincheras. Dios no se retira del mundo—Él lo invade.

Él no evita la oscuridad—envía Su luz directamente hacia ella.
Él no protege a Su pueblo del mal—levanta guerreros para enfrentarlo.
La idea de que el ámbito militar es demasiado secular, demasiado corrupto o demasiado violento para ser tocado por creyentes no solo es una interpretación limitada de las Escrituras, sino una negación misma del poder redentor de Dios.

¿Qué pasaría si Dios necesitara guerreros en todos los sectores de la sociedad—sí, incluso en el militar? ¿Y si el infante de marina que monta guardia, el marinero que limpia la cubierta, o el capellán que camina con botas de combate *fuera precisamente el instrumento que Dios usa para alcanzar a los perdidos, consolar a los quebrantados y detener el avance del mal?*

¿No es eso lo que vemos en las Escrituras?

Desde José en la corte de Faraón, hasta Daniel en el palacio de Babilonia; desde Ester en el imperio persa, hasta el centurión al pie de la cruz—Dios siempre ha colocado a Su pueblo dentro de sistemas poderosos, peligrosos y moralmente complejos, no para que se mezclen, sino para que resplandezcan. Nunca les dijo que esperaran a que los pecadores llegaran a las sinagogas. Les dijo: *"Vayan por todo el mundo."* Russell Burrill[1] lo expresó así: "*Los primeros discípulos no debían esperar*

---

[1] Russell Burrill, *Reaping the Harvest: A Step-by-step Guide to Public Evangelism* (Fallbrook, Calif.: Hart Books, 2007), 17.

que la gente viniera a ellos—debían ir a las personas con el mensaje que Dios les había dado. *La orden de marcha para la iglesia de Dios fue: 'Vayan'.*"

Y así fui.

No comencé este libro con la intención de construir una apología para el servicio militar. No estoy aquí para argumentar, debatir ni convencer a quienes ya han tomado una decisión. Más bien, escribo porque he vivido en ambos lados del uniforme—en la trinchera y en el púlpito. He estado firme en posición de atención y también de rodillas en oración. He disparado un arma y he levantado manos temblorosas para bendecir a los quebrantados. Y lo que he descubierto es esto: Dios no abandona a los que sirven. A menudo, Él los llama primero.

Este libro no es solo teología. Es testimonio. Es la historia de cómo el servicio militar salvó mi vida—no solo físicamente, sino también espiritualmente, emocionalmente y moralmente. Es la forma en que Dios usó una de las instituciones militares más temidas del mundo, el Cuerpo de Infantería de Marina de los Estados Unidos, para tallar propósito en el corazón de un joven perdido.

Mi Testimonio

En noviembre del 2003, me enlisté en el Cuerpo de Infantería de Marina de los Estados Unidos—fácilmente una de las fuerzas de combate más élite y feroces del planeta. Con poco más de doscientos mil infantes de marina en servicio activo, esta rama ha sido justamente llamada "el 911 de Estados Unidos." Éramos los primeros en entrar, y a menudo los últimos en salir. Estábamos entrenados para las misiones más difíciles del mundo, convocados para restaurar el orden donde reinaba el caos. Y yo era uno de ellos.

Pero ahí no es donde comienza mi historia. La verdadera historia empezó mucho antes de Parris Island. Tenía 21 años, sin rumbo, con el corazón roto, vagando en una niebla de errores. Había abandonado la universidad. Mi primer carro había quedado destruido. Mi alma se estaba hundiendo en la adicción. Mi familia se derrumbaba bajo el peso de un divorcio doloroso. Había perdido el sentido de quién era—y, aún más aterrador—de quién podría llegar a ser.

Yo era un hijo sin visión. Un hombre sin misión.

Y entonces, un día inesperado, el llamado a servir apareció como una bengala en el cielo nocturno. No vino desde un altar de iglesia, sino desde el escritorio de un reclutador. No fue un momento espiritual—al menos no externamente. Pero hoy creo firmemente que Dios estuvo en eso desde el principio. Yo necesitaba disciplina, hermandad, coraje, convicción, y un propósito más grande que yo mismo. Y encontré todo eso en el uniforme de un Infante de Marina.

Cuatro años después, en noviembre del 2007, dejé el servicio activo. Pero no dejé la misión. Solo cambié de campo de batalla. Hice la transición de combatiente a pastor—de un batallón a una congregación. Cambié mi rifle por una Biblia, mi chaleco antibalas por un corazón de pastor. Y a través de esa transformación, entendí que la guerra nunca fue solo externa—siempre fue espiritual.

¿Qué sucedió durante esos cuatro años que me transformó? ¿Qué despertó en mí el Cuerpo de Marines que años de asistir a la iglesia no habían logrado? ¿Por qué me fui siendo un hombre y regresé siendo otro? Estas son las preguntas que responderé en las páginas que siguen—no como un teólogo pulido, sino como un guerrero herido redimido por la gracia.

Lo Que Descubrirás

Este libro es crudo y redentor. No rehuirá las verdades difíciles ni los recuerdos dolorosos. Te mostrará el costo espiritual del servicio, la carga mental del entrenamiento de combate, las preguntas morales que nunca traen respuestas fáciles. Pero también revelará cómo Dios nunca me abandonó en el proceso. Estuvo en los barracones. En el campo. En las noches oscuras de duda. Estuvo en la disciplina. En la pérdida. En las oraciones silenciosas de un joven que intentaba mantener su fe mientras aprendía a luchar.

Caminarás conmigo por momentos de crisis espiritual y de avances personales. Verás cómo Dios usó el crisol de la marina para refinar mi corazón. Puede que incluso te veas reflejado en estas páginas—tus propias batallas, tus propias heridas, tus propias preguntas. Tal vez llores. Tal vez te alegres. Tal vez descubras, como lo hice yo, que a veces Dios nos envía al ejército no porque se haya olvidado de nosotros, sino porque nos está preparando. Así que no leas esto como un argumento, sino como una ofrenda. Si mi recorrido puede dar esperanza a alguien que lucha con las mismas preguntas, entonces este libro habrá cumplido su propósito.

PARTE I

EL DEBATE DE INGRESAR

CAPÍTULO 1

¿Debe un inmigrante unirse al ejército?

TENÍA APROXIMADAMENTE VEINTIÚN AÑOS cuando me uní al Cuerpo de Infantería de la Marina Estadounidense. Solo había estado viviendo en el estado de Maryland durante unos cinco años, lo que significaba que llevaba ese mismo tiempo aprendiendo el idioma inglés, y no lo dominaba tanto como me hubiera gustado. Aún luchaba con el choque cultural y con acostumbrarme a las costumbres estadounidenses.

Aunque ya había terminado tres años de preparatoria y podía entender partes de una conversación con alguien, todavía no estaba en condiciones para unirme a una fuerza militar. El ejército no era una opción para mí. Mi inglés básico me descalificaba para ser un hombre militar, mucho menos un infante de marina. Apenas podía entender a los actores en las películas, mucho menos una orden de un instructor o, peor aún, un llamado de auxilio en el campo de batalla. Me aterraba la idea de que una vida dependiera de mí y no pudiera salvarla por causa de la barrera del idioma.

Sentimientos de Inferioridad como Inmigrante

Como hispano, parecía estar destinado a hacer lo que todos los demás hacían: construcción, pintura, plomería, jardinería, mantenimiento, lavar platos, mesero y otros trabajos mal pagados que nadie más quería. No me malinterpretes; no estoy diciendo que estos trabajos hagan a alguien menos persona. Al contrario, estos oficios pueden moldear tu carácter de una manera que ningún otro podría hacerlo. Pueden enseñarte humildad y, de forma práctica, pueden ahorrarte mucho dinero a largo plazo si los aprendes bien.

Ese fue mi caso trabajando con mi padre en el negocio de pintura. Aprendí a lijar madera, raspar pintura vieja, mezclar diferentes colores, colocar las lonas alrededor del área de trabajo, usar masilla para cubrir grietas, sacar clavos, trabajar con yeso, redactar propuestas de trabajo, etc. Aprendí una gran cantidad de habilidades manuales, por las cuales estaré eternamente agradecido con mi padre por habérmelas enseñado.

Pero para un inmigrante como yo, lleno de sueños y aspiraciones más altas, no era algo que me imaginara haciendo el resto de mi vida. En un país lleno de oportunidades infinitas, siendo hijo de inmigrantes—uno trabajando en pintura y carpintería, y el otro en el sistema de transporte escolar—mis hermanos y yo no teníamos muchas posibilidades de entrar al mundo académico, ya que no podíamos costear una universidad.

Lo que realmente me detenía era el miedo de no poder lograrlo como inmigrante. Ahora entiendo que muchos inmigrantes como yo sufren este mismo sentimiento de inferioridad, especialmente entre la primera y segunda generación. Sienten que no pertenecen del todo a su país de origen porque ahora viven en los Estados Unidos, y también sienten que no pertenecen del todo a este país, porque vinieron de otro lugar.

La Inclusión de los Inmigrantes en la Biblia

Este fue el caso de muchos inmigrantes en la Biblia. La inmigración se remonta desde el momento en que Adán y Eva fueron forzados a migrar fuera del Jardín del Edén y establecerse al oriente (Génesis 3:22–24). Más adelante, el pueblo de Babel migró hacia otros lugares (Génesis 11:1). Siglos después, Abraham y toda su familia emigraron a la tierra de Canaán (Génesis 11:31–12:9). Desde entonces, el pueblo de Dios siempre ha estado en constante migración de un lugar a otro. En el Nuevo Testamento, Dios le dice a su nueva iglesia cristiana que migre y proclame el evangelio (Mateo 28:16–20).

Según el Departamento de Seguridad Nacional, existen aproximadamente entre 11.5 y 20 millones de inmigrantes ilegales en los Estados Unidos.[1] Esto constituye entre un 4% y un 6.5% del total de los trescientos ocho millones de estadounidenses. Uno de los problemas éticos más significativos para la iglesia en el debate sobre inmigración es si esta debe o no involucrarse en las discusiones políticas, o continuar tomando una postura filantrópica que ignora la legalidad del tema—una posición que, para algunos fanáticos, es simplemente una forma elegante de traducir la palabra "traición".[2]

Algunos argumentan que el Nuevo Testamento no trata este tema de manera explícita; sin embargo, a lo largo de toda la Biblia existe una postura temática sobre cómo tratar a los inmigrantes y cómo integrarlos en nuestra comunidad. Debemos explorar esta cuestión ética preguntando: ¿Quién es considerado un inmigrante? ¿Cómo se integraban los inmigrantes en los tiempos bíblicos? Para responder a la primera pregunta, analizaremos el término griego ἔθνη ("gentil"), así como otros términos griegos que describen a quienes eran inmigrantes.

Para responder a la segunda pregunta, analizaremos el trato de Jesús hacia algunos inmigrantes y lo que Él dijo acerca de la integración de los inmigrantes. Finalmente, ofreceremos un breve análisis de lo que significa γίνομαι ("llegar a ser") un πολιτείας ("ciudadano").

Desde el comienzo mismo de la historia humana, el movimiento ha sido tanto consecuencia como llamado. Adán y Eva migraron por causa del pecado; Abraham migró por fe. Israel migró por esclavitud; la iglesia

---

[1] Michael Hoefer, Nancy Rytina, and Bryan Baker, "Estimates of the Unauthorized Immigrant Population Residing in the United States: January 2011, http://www.dhs.gov/xlibrary/assets/statistics/publications/ois_ill_pe_2011.pdf, June 23, 2013, accessed June 23, 2013.

[2] Michael L. Budde, The Borders of Baptism: Identities, Allegiances, and the Church (Eugene, OR: Wipf & Stock Pub, 2011), 85.

migró por misión. Cada migración llevaba un propósito más grande que lo geográfico: se trataba de identidad, obediencia y cumplimiento del propósito divino.

De la misma manera, los inmigrantes de hoy—ya sea cruzando fronteras o culturas—se encuentran en la encrucijada entre propósito y pertenencia. La Biblia nos recuerda que los desplazados no están descalificados; más bien, a menudo son los instrumentos mismos que Dios utiliza para avanzar Su plan. Abraham dejó su tierra natal para convertirse en el padre de muchas naciones; Rut dejó Moab para preservar una línea real; e incluso Jesús "migró" del cielo a la tierra para la salvación de la humanidad.

Este patrón divino de movimiento refleja el corazón de El Guerrero Creyente. Así como Dios llama a los inmigrantes a servir Su misión a través de la fe, también llama a los creyentes—ciudadanos del cielo pero residentes de naciones terrenales—a servir con valentía, disciplina y sacrificio. El inmigrante que busca pertenencia en una nueva patria refleja al creyente que busca vivir fielmente en el mundo mientras pertenece a otro Reino.

En ambos casos, existe una tensión sagrada entre ciudadanía y servicio. El creyente-soldado, como el inmigrante fiel, aprende que la verdadera lealtad no se divide, sino que se profundiza mediante el compromiso— primero con Dios, y luego con la misión que Él nos ha confiado en la tierra. Las mismas virtudes que definen al migrante fiel—el coraje, la perseverancia, la lealtad y la esperanza—son también las virtudes que forman a un guerrero creyente.

Inmigración e Integración en el Nuevo Testamento

El Nuevo Testamento ofrece al menos siete variaciones en la traducción de un inmigrante: (1) ξένων, que la versión KJV traduce como "forasteros" en Romanos 16:23. (2) παροίκους y (3) παρεπιδήμους, que la versión NVI traduce como "extranjeros" y "exiliados" en 1 Pedro 2:11. (4) ἀλλοτρίων, que la NRSV traduce como "otros" o "extraños" en Mateo 17:25 y Efesios 2:12. (5) ἐπιδημοῦντες, que la NASB traduce como "prosélito" en Hechos 2:10. (6) παροικίας, que la versión WYC traduce como "peregrino" en 1 Pedro 1:17. (7) ἐθνῶν, que la mayoría de las traducciones bíblicas traducen como "gentil" en Mateo 4:15, excepto la KJV 1900 que también lo traduce como "nación" en Mateo 28:19.

En cada uno de estos casos, el autor se refiere a un grupo de personas o a una persona que está fuera de la comunidad judía o que no pertenece a ese grupo específico. Para los fines de este libro, solo analizaremos cuatro pasajes clave que tratan el tema del trato hacia los inmigrantes.

En el Nuevo Testamento, palabras como xenos, paroikos y ethnos revelan que los creyentes son forasteros espirituales—ciudadanos del cielo viviendo en tierras terrenales. La iglesia primitiva comprendía esta tensión entre pertenencia y misión. De manera similar, el soldado de la fe sirve en un mundo que no le pertenece, siendo leal tanto a Dios como a la nación que protege. Así como los gentiles fueron en su momento considerados extraños, pero se convirtieron en sympolitai—conciudadanos mediante Cristo—, los creyentes aprenden que la verdadera ciudadanía requiere sacrificio y disciplina.

La integración de los inmigrantes refleja la integración del creyente en el Reino de Dios: ambas exigen valor, obediencia y servicio. El guerrero creyente encarna esta doble identidad—arraigado en su lealtad celestial pero comprometido con su deber terrenal—mostrando que servir en las fuerzas armadas puede ser tanto un acto de fe como de patriotismo.

Mateo 15:21-28 —

Mucho del enfoque de Mateo es el discipulado. Según Campbell, Mateo, siendo discípulo él mismo, se enfoca en retratar a Jesús como Rey, un llamado al estilo de vida que un discípulo debe seguir y un encargo de cómo cualquiera puede llegar a ser discípulo.[3]

Primero, Mateo comienza diciendo al lector acerca de la genealogía de Jesús en la que varios forasteros o extraños hicieron contribuciones significativas dentro del plan redentor de Dios. En el capítulo 1 nos habla

---

[3] Iain D. Campbell, *Matthew's Gospel (opening Up)* (Leominster: DayOne Publications, 2008), overview section.

de Tamar, una mujer cananea que pertenecía a los antiguos palestinos;[4] Rahab, quien fue una prostituta gentil y madre de Booz, ciudadano de la ciudad de Jericó;[5] Rut, una moabita,[6] que según Nehemías era considerada extranjera para los israelitas y excluida de la asamblea del pueblo de Dios (Deut. 23:3-4).

Luego, el capítulo 2 continúa mencionando a algunos hombres del oriente, considerados sabios y de noble estatus,[7] que participaron en la adoración al nuevo Bebé Todopoderoso. Está claro que para Mateo la cuestión de la inmigración e integración es de gran importancia. También lo vemos en los capítulos posteriores, donde Jesús enseña sobre el amor que debemos tener hacia nuestros enemigos, descritos como ἐθνικός ("gentiles") (5:47). En ese pasaje, Jesús ordena a sus discípulos no solo amar a su ἀδελφός o compatriota judío, sino también al ἐθνικός mediante su integración en la sociedad.

Finalmente, llegamos al capítulo 15, en el cual Jesús se encuentra con una mujer cananea cuyo hija estaba poseída por un demonio. Curiosamente, Mateo parece querer transmitir la idea de que, aunque Jesús era judío, para Dios no hay favoritismos y todos están invitados a disfrutar de Su poder. Esta idea se muestra cuando la familia de Jesús desea verlo, reclamando algún privilegio especial, pero Él responde que aquellos que hacen la voluntad de Dios son quienes constituyen su familia, no solo María y sus hermanos (12:46-50).

Después, Mateo introduce cuidadosamente la historia de la falsa enseñanza de los escribas y fariseos, seguida por la explicación de lo que significa tener un corazón puro, y de forma abrupta introduce la historia de esta gentil, la mujer cananea, en el versículo 21, quien ὅριον ἐκείνων ἐξέρχομαι "salió de esos límites". Según Carroll, un inmigrante es una persona que cruza fronteras;[8] por tanto, esta mujer desconocida —a quien Mateo no ofrece mayor descripción más allá de que era inmigrante

---

[4] Merriam-Webster, Inc. Merriam-Webster's Collegiate Dictionary. Eleventh ed. Springfield, MA: Merriam-Webster, Inc., 2003. 983.

[5] Ibid., 870.

[6] Ibid., 895

[7] Ibid., 1061.

[8] M. Daniel Carroll R, Christians at the Border: Immigration, the Church, and the Bible (Grand Rapids, Mich.: Baker Academic, 2008), 65.

— destaca la interacción entre Jesús y esta inmigrante. Él escucha la petición de esta mujer cuya fe era μέγας ("mayor") que la de cualquier judío. En v.23 vemos a los discípulos, la iglesia, rechazando a esta inmigrante, en contraste con la aceptación de Jesús en v.25-28.

El relato de Mateo sobre la mujer cananea revela que la fe y la perseverancia a menudo emergen desde los márgenes. Su valentía de cruzar fronteras —sociales, culturales y espirituales— encarna el coraje de quienes están dispuestos a luchar por lo que es justo.

Así como Jesús honró su fe μέγας, el guerrero creyente es llamado a mostrar convicción bajo presión y humildad en el servicio. En el discipulado y en la vida militar, la lealtad y la resistencia definen la verdadera fuerza. La historia de esa mujer enseña que el favor de Dios no está limitado por etnia o estatus, sino por obediencia y persistencia. Del mismo modo, el creyente que sirve en uniforme demuestra que la fe no conoce fronteras—el discipulado y el deber pueden coexistir cuando ambos están arraigados en un corazón dispuesto a cruzar límites por causa de la justicia y la compasión.

Juan 1:1-3; 4:1-30

En el Evangelio de Juan, Jesús es presentado como el Logos que "migró" a esta tierra para beneficio de la humanidad. Su intención es enmarcar la obra de Jesús como la de un inmigrante entre los humanos, y cómo, como inmigrante, sufrió rechazo, necesidad e incluso la muerte por parte de la sociedad en la que vivió.

Juan nos dice que el Logos ἐγένετο ("se hizo" o "llegó a existir") como ciudadano judío. Esta palabra ἐγένετο es usada más tarde por Pablo en Efesios 2:13 para describir cómo un gentil llega a ser ciudadano del Reino de Jesús. Parece que ese mismo significado de "convertirse" o ἐγένετο debe tener lugar para ser parte del Reino de Jesús, el cual, según Jesús (Juan 18:36), es de naturaleza celestial.

Es a través de una transformación milagrosa que uno se convierte en parte de este Reino. Además, Juan sugiere que para ser ciudadano de este Reino uno debe ἐγένετο, es decir, "llegar a existir," "cruzar las fronteras" de nuestras propias limitaciones y entrar en este ámbito de residencia espiritual, aunque esto no siempre sea placentero y pueda traer sufrimiento.

Mientras que Mateo apela a la aceptación de los inmigrantes, Juan apela a la necesidad de convertirse en un inmigrante por amor a los demás. En el capítulo 4:1-30, el encuentro entre Jesús y la mujer samaritana es incluido por Juan justo después de que Juan el Bautista explica la necesidad de la migración de Jesús del cielo a la tierra. Mientras Juan enfatiza la necesidad de la migración y cuán importante y beneficioso es dar la bienvenida a los inmigrantes, Jesús enfatiza la importancia de la integración.

En el versículo 4, se usa la palabra griega δεῖ, que literalmente se traduce como "era necesario"—para Jesús era necesario pasar por Samaria (la misma palabra griega se usa en 3:7, 14, 30). Juan pone especial énfasis en el ministerio de Jesús. Carroll habla de este evento y dice que el camino que tomó Jesús era el requerido para viajar al norte, pero había otro nivel de necesidad en juego dentro del ministerio de Jesús. Este encuentro no fue un accidente o coincidencia, sino parte del plan predeterminado de Jesús.[9]

Una vez más, la integración se muestra en la interacción entre Jesús y esta mujer gentil. Otro aspecto sorprendente de este Jesús judío es que toma la iniciativa de relacionarse con esta gentil, a pesar de los prejuicios sociales—de ahí la razón por la que los discípulos sesorprenden en el versículo 27 cuando ven a Jesús hablando con una gentil.

El Evangelio de Juan presenta a Jesús como el Logos—la Palabra divina que voluntariamente "migró" del cielo a la tierra para redimir a la humanidad. Su encarnación no fue una coincidencia, sino una misión. El uso de la palabra ἐγένετο muestra una transformación divina—Dios cruzando la frontera más grande entre lo infinito y lo finito. Este acto de dejar la comodidad por el bien de los demás refleja el corazón de todo guerrero creyente que sirve más allá del interés propio. El viaje de Jesús por Samaria se describe como δεῖ—"era necesario." Su cruce de barreras sociales y culturales demuestra obediencia intencional al propósito, incluso

---

[9] Ibid., 118-119.

en medio del malentendido.

Del mismo modo, el creyente militar aprende que el servicio a menudo es incómodo, exige sacrificio, resistencia y compasión. Cuando Jesús habló con la mujer samaritana, modeló el valor de un guerrero con el corazón de un siervo. Su transformación nos recuerda que la misión auténtica ocurre cuando uno se atreve a tender puentes donde hay división. El guerrero creyente, como Cristo, debe cruzar fronteras—entre la fe y el deber, entre el cielo y la tierra—para traer sanidad donde otros solo ven hostilidad. En esta migración divina, el servicio se vuelve sagrado; la batalla se vuelve redentora; y cada acto de valentía se convierte en un eco de la misión entregada de Cristo para reconciliar a todos los pueblos con Dios.

Lucas 17:11-18 —

Ahora Lucas introduce la actitud personal que un inmigrante debe asumir hacia la sociedad que lo acoge. En otras palabras, no solo los judíos debían ser responsables de tratar bien a los extranjeros, sino que ahora este mismo inmigrante también debía mostrar agradecimiento por tal bondad. Los samaritanos eran gentiles. Carroll nos da una muy buena descripción de ellos. Él dice que practicaban una forma de judaísmo, pero tenían una montaña santa separada (el monte Gerizim), su propio sacerdocio, y creencias y rituales especiales. No eran aceptados como iguales por otros judíos, y la antipatía entre ellos era profunda.[10]

En este pasaje, nuevamente vemos a Jesús aceptando al inmigrante, el samaritano que era considerado un ἀλλογενής ("forastero"), al sanarlo de la lepra. Curiosamente, este inmigrante ὑπέστρεψεν ("regresó"), lo cual también es mencionado por Jesús en el versículo 18, enfatizando que un inmigrante también debe ser agradecido con aquellos que le abren las puertas y proveen para él. Coincidentemente, ὑπέστρεψεν también tiene una connotación de adoración, como se describe en Lucas 2:20; 17:15; 24:52, señalando que la gratitud y la alabanza a Dios pueden estar siempre entrelazadas.

El relato de Lucas sobre los diez leprosos, especialmente el samaritano

---

[10] Ibid., 117.

que regresó, cambia el enfoque del deber social hacia la gratitud personal y la transformación. De los diez que fueron sanados, solo uno —un extranjero— volvió a dar gracias. Este acto de regresar, expresado en griego como Ὑπέστρεψεν, tiene tanto un significado físico como espiritual. No fue simplemente un giro del cuerpo, sino un giro del corazón hacia Aquel que le dio nueva vida.

La gratitud se convirtió en el acto de adoración del inmigrante, una declaración visible de que la misericordia debe ser respondida con devoción. En esto, Lucas enfatiza que la verdadera sanidad no está completa hasta que produce agradecimiento. La fe del samaritano trascendió su etiqueta social; ya no era un ἀλλογενής (forastero) marginado, sino un participante de la gracia divina. Su respuesta modela la actitud correcta del creyente tanto hacia Dios como hacia las comunidades que lo acogen —una actitud basada en la humildad, el reconocimiento y el servicio.

Para el guerrero creyente, la gratitud es el fundamento de la disciplina y el deber. Así como el samaritano regresó para honrar a su Sanador, el soldado cristiano está llamado a regresar cada día en reconocimiento del poder sustentador y la protección de Dios. La vida militar a menudo exige sacrificio, resistencia y fortaleza —cualidades moldeadas por un corazón agradecido. La gratitud transforma el servicio de una mera obligación a una mayordomía sagrada. El samaritano sanado nos recuerda que la fe no es una aceptación pasiva, sino un reconocimiento activo —un regresar a la fuente de toda fuerza.

De igual manera, el soldado que sirve con gratitud honra no solo a su nación, sino también a su Creador, encontrando adoración en cada acto de deber. En el ritmo de la obediencia, la acción de gracias se convierte en el uniforme del creyente, distinguiendo a quienes luchan por la justicia de aquellos que luchan por el reconocimiento. El guerrero creyente, como el samaritano agradecido, convierte cada momento de servicio en un testimonio viviente de gracia, lealtad y gratitud divina.

Efesios 2:11-22 —

Aunque no hay muchas variantes en Efesios 2:11-13, encontramos que la palabra ποτὲ ("en otro tiempo") también puede entenderse como "solían ser", como se traduce en la Good News Translation en Efesios 5:8, lo cual denota un tiempo que ya ha pasado. El Nuevo Testamento griego insinúa que las personas ἀπαλλοτριόω ("alienadas de") debían recibir la ἐπαγγελία ("promesa") dada a Abraham.[11] Para Pablo, un inmigrante o gentil que acepta el sacrificio de Jesucristo se convierte en ciudadano del Reino celestial.

Efesios describe una transición espiritual: de ser extranjeros y extraños a ser conciudadanos con los santos y miembros de la familia de Dios. Esta ciudadanía no es adquirida por nacimiento humano ni por pertenencia étnica, sino por la sangre de Cristo. Pablo recalca que, aunque antes éramos considerados ἀλλοτριοι (extranjeros), ahora somos parte del edificio espiritual que tiene como fundamento a los apóstoles y profetas, siendo Cristo mismo la piedra angular.

Esta inclusión no es accidental, es parte del plan redentor de Dios de reconciliar todas las cosas. El creyente que antes estaba fuera, ahora pertenece. Y para el inmigrante creyente, este pasaje ofrece una profunda esperanza: la ciudadanía divina trasciende todo estatus legal, barrera cultural o etiqueta social. En Cristo, cada persona encuentra pertenencia, identidad y propósito.

El guerrero creyente entiende que la verdadera ciudadanía no depende de papeles o fronteras humanas, sino del pacto sellado por la cruz. Así como los inmigrantes eran integrados a la comunidad del pacto en tiempos bíblicos, hoy también son llamados a participar plenamente del cuerpo de Cristo. Ya no son forasteros, sino compañeros de misión, portadores de fe, y soldados del Reino. La Iglesia se convierte en un hogar donde cada creyente, sin importar su trasfondo, encuentra unidad en la fe y una misión compartida.

---

[11] Kurt Aland et al., eds., *The Greek New Testament, 4th Revised Edition*, 4 Revised ed. (Stuttgart, Germany: American Bible Society, 2000), 658.

11 Διὸ μνημονεύετε ὅτι ποτὲ ὑμεῖς τὰ ἔθνη ἐν σαρκί, οἱ λεγόμενοι ἀκροβυστία ὑπὸ τῆς λεγομένης περιτομῆς ἐν σαρκὶ χειροποιήτου, 12 ὅτι ἦτε τῷ καιρῷ ἐκείνῳ χωρὶς Χριστοῦ, ἀπηλλοτριωμένοι τῆς πολιτείας τοῦ Ἰσραὴλ καὶ ξένοι τῶν διαθηκῶν τῆς ἐπαγγελίας, ἐλπίδα μὴ ἔχοντες καὶ ἄθεοι ἐν τῷ κόσμῳ. 13 νυνὶ δὲ ἐν Χριστῷ Ἰησοῦ ὑμεῖς οἵ ποτε ὄντες μακρὰν ἐγενήθητε ἐγγὺς ἐν τῷ αἵματι τοῦ Χριστοῦ.

Mi Traducción

En los versículos 11 al 13, he optado por traducir *ethnos* como *inmigrantes*, dado que usualmente se traduce como "gentiles" en el Nuevo Testamento. Los "gentiles" son referidos como "forasteros" a lo largo del evangelio. También he traducido *apallotrioo* como *no-ciudadanos* ya que significa no ser participante de una comunidad; en este caso, la comunidad son los judíos. Además, *xenos* es otro término que hace referencia a los inmigrantes, ya que su traducción literal es *"extraños"* o *"forasteros."* Finalmente, *ginomai* también puede significar *"llegar a existir"*, lo cual creo que encaja mejor en nuestro texto basado en el contexto:

11 Por tanto, sigan recordando que ustedes, que antes eran *inmigrantes* en la carne—los que eran llamados "los incircuncisos" por los que se dicen circuncisos por mano humana— 12 solían estar sin el Mesías, *no-ciudadanos* de la comunidad de Israel y *forasteros* de los pactos de la promesa. Vivían sin esperanza y sin Dios en este mundo. 13 Pero ahora, por medio de la sangre de Cristo Jesús, ustedes que solían estar lejos han *llegado a existir* como aquellos que han sido acercados—renacidos a la ciudadanía por medio de Su sacrificio.

En el contexto de El Guerrero Creyente, este pasaje se asemeja al proceso de enlistamiento: dejar atrás una identidad civil para adoptar una vida disciplinada y con propósito de servicio. El creyente, antes forastero, ahora lleva la marca de pertenecer a un mando divino. La ciudadanía en el

Reino de Dios no se hereda: se recibe por gracia, se sella con sangre y se vive mediante el deber. La transformación del guerrero refleja la del inmigrante—ambos encuentran nueva identidad a través del compromiso, el sacrificio y la lealtad a una causa mayor.

Estudio de Palabras

"Por tanto" Esta es la tercera gran verdad en la sección doctrinal de Pablo (capítulos 1–3). La primera fue la elección eterna de Dios basada en Su carácter de gracia, la segunda fue *la desesperanza de la humanidad caída, salvada por los actos de gracia de Dios a través de Cristo,* que deben recibirse y vivirse por fe. Ahora la tercera: *la voluntad de Dios siempre ha sido la salvación de todos los seres humanos* (cf. Gén. 3:15), tanto judíos como gentiles (cf. 2:11–3:13).

Estos gentiles son mandados a seguir recordando ("recordar" es un presente activo e imperativo) su previa alienación de Dios (vv. 11–12). Pablo claramente entendía la misión de Jesús en la tierra, como se describe en Efesios 2:11-22, ya que él mismo se convirtió en un inmigrante y entendía lo que significaba ser un forastero espiritual. Él manda a "recordar" que los cristianos una vez fueron ἔθνος ("gentiles") y llamados ἀκροβυστία ("incircuncisos") por aquellos que fueron circuncidados por mano humana. Este tipo de recuerdo debe hacerse una y otra vez, constantemente—recordar cómo, por medio del Señor, ya no somos ἀπαλλοτριόω ("no participantes") de Israel ni ξένος ("forasteros" o "inmigrantes"), sino ahora συμπολίτης ("ciudadanos") de la οἰκεῖος τοῦ θεός ("familia de Dios").

Este recuerdo debe dar al inmigrante una razón para regocijarse, así como el gentil con lepra se regocijó al saber que Jesús lo salvó. Pablo implica que ahora estamos circuncidados no por mano humana, sino a través de la mano divina de Jesús (Col. 2:11). Él reconcilia a ambos grupos; nótese que dice que de ambos grupos (judíos y no judíos—traducción de GW), quienes eran ἀμφότεροι ("exactamente iguales") en valor como candidatos para la salvación, Dios hizo uno en Cristo—esto incluye a los judíos que aceptaron a Jesús como el Mesías y a los convertidos ἔθνος ("gentiles" o "naciones"). Ahora somos ciudadanos de la familia de Dios, como lo traduce la NKJ.

Esto es condicional solo para aquellos que han γίνομαι ("llegado a ser") cercanos al Padre por medio de la santa sangre de Jesucristo y están llenos del mismo Espíritu. Curiosamente, aquí se menciona la Trinidad como recordatorio de que esta reforma migratoria fue hecha por la Deidad en cooperación. Como resultado, todo inmigrante es ahora parte de la compañía de los redimidos de todas las edades, comenzando con Adán.[12]

"que en otro tiempo ustedes, los gentiles en la carne" Esto es literalmente "naciones" (ethnos). Se refiere a todos los pueblos que no son de la línea de Jacob.

En el Antiguo Testamento, el término "naciones" (goim) era una forma despectiva de referirse a todos los no judíos.[13]

Gramática

μνημονεύω (mnemoneúo). Esta palabra está en presente, activo, imperativo, segunda persona del plural, lo que significa "mantener en mente" o "seguir recordando".[14] Curiosamente, la Septuaginta (LXX) usa el término μιμνήσκω (mimnésko), afín a μνημονεύω, en el cuarto mandamiento. Tal vez Pablo está tratando de transmitir que el tipo de recuerdo al que se refiere es similar al que Dios ordenó en Éxodo 20:8.

ἔθνος *(ethnos)*. Probablemente proviene de ἔθος (ethos), de donde obtenemos la palabra "ética". Significa "masa", "multitud", "muchedumbre" y un grupo humano. En otras palabras, ethnos representa una nación con costumbres, asuntos o valores éticos distintos. Cuando Jesús habla de los gentiles, usa este término para referirse a ellos

---

[12] Hoehner, H. W. (1985). Ephesians. In J. F. Walvoord & R. B. Zuck (Eds.), *The Bible Knowledge Commentary: An Exposition of the Scriptures* (J. F. Walvoord & R. B. Zuck, Ed.) (Eph 2:19). Wheaton, IL: Victor Books.

[13] Utley, R. J. (1997). *Vol. Volume 8: Paul Bound, the Gospel Unbound: Letters from Prison (Colossians, Ephesians and Philemon, then later, Philippians)*. Study Guide Commentary Series (89). Marshall, TX: Bible Lessons International.

[14] "Greek Verbs Quick Reference," last modified December 01, 2011, accessed June 22, 2013, http://www.preceptaustin.org/new_page_40.htm.

(Mat. 6:32; Lc. 18:32).[15]

ἀπαλλοτριόω *(apallotrióo)*. Significa "alienar" o "estar separado". Es un participio pasivo perfecto que implica: "han sido y continúan siendo excluidos". En el Antiguo Testamento este término se refería a los residentes no ciudadanos con derechos limitados (extranjeros). Los gentiles, tal como eran entendidos por los judíos, habían sido y continuaban estando separados del Pacto con YHWH.[16] De hecho, hoy seguimos utilizando el término *Alien* en el sistema migratorio para referirnos a inmigrantes en proceso de convertirse en ciudadanos estadounidenses.

ξένος *(xenos)*. Las palabras derivadas del prefijo *xen-* pueden significar "extranjero" o "extraño", pero también "huésped". La extranjería produce tensión mutua entre nativos y forasteros, pero la hospitalidad supera la tensión y convierte al extranjero en amigo.[17]

Este es otro término que se utiliza para referirse a un inmigrante: **ginomai.** Significa *"hacer que sea"* (de ahí la raíz *"gen"-erar*), es decir, (reflexivamente) *llegar a ser* o *venir a la existencia*, y se usa con gran amplitud de significado.[18] Nota que para convertirse en algo, se requiere algún tipo de transformación. Pablo alude al poder de Cristo para convertir a alguien en ciudadano.

La Iglesia como Comunidad Acogedora e Integradora para Inmigrantes

La exhortación de Pablo en Efesios 2 es más que un recordatorio teológico—es un llamado a la identidad y la lealtad. Su mandato de recordar (μνημονεύετε) es una disciplina espiritual, un acto de reflexión continua sobre la transformación. Así como los inmigrantes recuerdan la tierra que dejaron y la nación a la que se han unido, los creyentes son instados a no olvidar jamás la transición de la alienación a la pertenencia

---

[15] Kittel, G., Friedrich, G., & Bromiley, G. W. (1985). *Theological Dictionary of the New Testament* (201). Grand Rapids, MI: W.B. Eerdmans.

[16] Utley, 89.

[17] Kittel, 661.

[18] Strong, J. (2009). Vol. 1: A Concise Dictionary of the Words in the Greek Testament and The Hebrew Bible (20). Bellingham, WA: Logos Bible Software.

—de ἀπαλλοτριόω ("no ciudadanos") a συμπολίτης ("ciudadanos con plenos derechos"). Este recuerdo construye gratitud y lealtad, las mismas virtudes que definen el corazón de un guerrero.

A la luz de esto, El Guerrero Creyente encuentra su fundamento: servir a Dios y servir a la nación requieren ambos memoria, disciplina y transformación. Pablo les recuerda a los efesios que la ciudadanía en la casa de Dios no se logra por mérito, sino por una cooperación divina—la voluntad del Padre, la sangre del Hijo y la presencia del Espíritu. Asimismo, la transformación del soldado no es meramente externa sino interna, moldeada por el compromiso y la obediencia a una causa superior.

La palabra griega γίνομαι ("llegar a ser") capta este proceso a la perfección; no es instantáneo, sino que se forma a través de un devenir continuo. El guerrero creyente, que antes era extranjero a la gracia, ahora vive como ciudadano tanto del cielo como de la tierra—guiado por la ética (ἔθος), atado por el pacto, y entrenado en gratitud.

Así como Cristo reconcilió a pueblos divididos en un solo cuerpo, el soldado fiel encarna la reconciliación a través del servicio, protegiendo la paz mientras representa los valores del Reino. Recordar quiénes fuimos alimenta nuestra determinación para servir con humildad, valentía y devoción. La memoria del creyente se convierte en la preparación del guerrero—una conciencia activa de que cada acto de servicio, ya sea espiritual o militar, es un testimonio viviente de la transformación hecha posible por medio de Cristo.

CAPÍTULO 2

Ventajas y Desventajas de Ser Un Militar

*U*NIRSE AL EJÉRCITO TIENE SU PARTE de ventajas así como de desventajas. Muchas de las ventajas incluyen asistencia educativa, el GI Bill de Montgomery, experiencia laboral, préstamos para vivienda a través de Asuntos de Veteranos, viajes alrededor del mundo, beneficios de salud y cuidado dental, y orgullo personal. Entre las desventajas, está la posibilidad de eventos traumáticos, desgaste físico e incluso desconexión religiosa o espiritual.

Ventajas Militares
Educativas

El mayor incentivo que me ofrecieron en 2003 cuando me enlisté fueron los beneficios educativos que garantizaban el pago de la universidad. El llamado GI Bill y el programa de Asistencia de Matrícula

(Tuition Assistance o TA) fueron los dos factores determinantes más importantes por los que me uní. Mientras estaba destinado en Camp Lejeune, Carolina del Norte, pude comenzar cursos universitarios gracias al TA, que cubría el 100% del costo de todos mis cursos. Más adelante, cuando salí del servicio, utilicé el GI Bill para pagar mis estudios de licenciatura y maestría bajo el programa de beneficios para veteranos con discapacidades relacionadas con el servicio, diseñado para ayudarles a encontrar empleo. Todos mis libros, cuotas y equipo fueron cubiertos, e incluso recibía un pequeño estipendio que ayudó a mantener a mi familia mientras completaba estos estudios. El acuerdo fue ideal para lo que yo necesitaba. Cuando se agotaron los fondos del GI Bill, entraron en vigor beneficios adicionales que me permitieron completar mi maestría en divinidad.

Experiencia

Una vez que terminé mis estudios, era hora de encontrar un trabajo. En ese momento, estaba haciendo un entrenamiento adicional en Educación Pastoral Clínica (Clinical Pastoral Education), un curso sobre conciencia de uno mismo, cohesión de equipo y atención clínica consciente. Estaba aprendiendo a reconocer mi propio dolor durante momentos críticos con pacientes, para poder estar presente con ellos. Había completado tres de las cuatro unidades cuando recibí una llamada del director general de un hospital que, de alguna manera, había conseguido mi currículum y quería entrevistarme para un puesto ejecutivo. Iba a convertirme en el Director de todo el Departamento de Atención Pastoral, una posición codiciada que normalmente solo se ofrece a alguien con madurez profesional. Conseguí el trabajo porque demostré confianza, y mi experiencia militar fue un factor determinante para persuadir al comité de contratación.

Préstamo para Vivienda de Asuntos de Veteranos (VA Home Loan)

Acepté la oferta de trabajo y comenzamos los preparativos para mudarnos a Texas, donde vivimos durante varios años. Al llegar a San Marcos, nos enfrentamos a la decisión de alquilar o comprar. En ese momento, el mercado inmobiliario había bajado las tasas de interés, y tenía sentido comprar una casa.

No teníamos ahorros, apenas historial crediticio y ningún antecedente como propietarios. Todas las probabilidades estaban en nuestra contra para comprar una casa. Todo el mundo nos decía que necesitábamos al menos el 20% de enganche del costo total de la casa, lo cual no teníamos. Fue entonces cuando mencionamos a nuestra agente inmobiliaria que éramos militares. Ella nos refirió a un prestamista que disfrutaba trabajar con préstamos VA porque eran confiables. Compramos una casa nueva y luego una segunda sin pagar un solo centavo de enganche, todo gracias a nuestro servicio militar.

Viajar por el Mundo

El ejército me ha brindado la oportunidad de viajar a muchos lugares. Como parte del servicio militar, los miembros del servicio disfrutan de cobertura de gastos de reubicación cada vez que cambian de estación. El monto cubierto asciende a miles de dólares y varía entre personal enlistado y oficiales. Una mudanza familiar de Texas a Maryland puede oscilar entre $15-20k dólares. Los beneficios incluso se extienden más allá del servicio activo, ya que los veteranos son elegibles para vuelos gratuitos "space-available" a cualquier parte del mundo donde haya una base aérea militar. Además, hay numerosos negocios que apoyan a los militares, ofreciendo descuentos increíbles a miembros del servicio, e incluso algunos realizan sorteos o entradas gratuitas.

Atención Médica y Dental

Otro beneficio es el chequeo médico constante al que deben someterse los miembros del servicio. Es parte de la rutina militar mantener la preparación médica en todo momento. A diferencia del civil, que tiene la opción de agendar sus citas médicas, en el ejército hay personas designadas que mantienen hojas de cálculo activas para verificar que todos estén al día con sus vacunas, limpiezas dentales, exámenes anuales e incluso su condición física.

Dado que las Fuerzas Armadas se benefician del bienestar holístico de cada miembro, mantienen una prueba anual obligatoria de preparación física. Debido a esta expectativa, el ejército se compromete a proporcionar gimnasios de última generación, a los que los miembros del servicio pueden asistir y ejercitarse, ¡completamente gratis!. El acceso a estos gimnasios también se extiende a los miembros de la familia. Por lo tanto, una membresía que costaría entre $120 y $200 dólares para una familia de dos personas, ahora es gratuita, permitiendo que los miembros del servicio ahorren dinero.

Orgullo Personal

Mi padre solía decirnos a mis hermanos y a mí cuánto habría deseado unirse al ejército. Estaba fascinado con la idea de la disciplina y los uniformes impecables. Para su sorpresa, tres de sus cuatro hijos se convirtieron en miembros del servicio militar: dos se unieron al Cuerpo de Marines de los EE.UU. y uno al Ejército de los EE.UU.. Nuestro padre se siente muy orgulloso de tener hijos que usan el uniforme y traen honor a una realidad que alguna vez fue un sueño para él. La idea de provocar una sonrisa en los rostros de mi padre y mi madre no tiene precio. Este sentido de orgullo trasciende generaciones, al punto que hoy nuestro servicio militar sirve como inspiración para nuestros hijos y otros familiares. Pero, lo más importante, trae orgullo personal. Crea un sentido de realización al saber que, como inmigrante, pude servir y estoy profundamente agradecido por la oportunidad.

Desventajas del Servicio Militar
Eventos Traumáticos

Me abstendré de presentarte la gran cantidad de literatura científica sobre el trauma relacionado con el servicio militar, ya que el propósito de este libro es animar a personas temerosas de Dios que desean unirse al ejército, pero dudan por razones de conciencia. Sin embargo, no podemos negar los desafíos y posibles experiencias que uno puede enfrentar. Como capellán, he visto innumerables casos de miembros del servicio que presentan un espectro de estrés traumático. Algunos de estos casos están relacionados con su servicio militar, pero la mayoría están ligados a su crianza.

El trauma sexual militar es un tema que ha llamado la atención de los investigadores. Se refiere a cuando un miembro del servicio es expuesto a agresión, abuso o acoso de naturaleza sexual.[1] La exposición a un trauma sexual puede, sin duda, poner en peligro la salud mental de formas inimaginables para los miembros del servicio, sus familias e incluso la comunidad. Este problema no afecta únicamente a las mujeres, como muchos podrían pensar, sino también a los hombres. En un estudio científico realizado entre miembros de las Fuerzas Armadas de Canadá, el 44.6% de las mujeres experimentaron trauma sexual militar.[2]

En los Estados Unidos de América, los hombres demostraron tener una tasa elevada de casos traumáticos sexuales, donde 43,693 veteranos masculinos y 48,106 mujeres veteranas resultaron con evaluaciones positivas para trauma sexual militar.[3] Además, los Eventos Moralmente Lesivos (MIEs, por sus siglas en inglés) se entienden como experiencias que pueden socavar el sentido básico de humanidad de una persona y su comprensión del funcionamiento del mundo.[4]

Estos eventos están relacionados con la violencia, los factores estresantes propios de la guerra (por ejemplo, presenciar personas heridas, cadáveres y combates), desastres naturales (inundaciones, huracanes, terremotos), y presenciar casos de personas suicidas, violaciones, asaltos o accidentes que amenazan la vida. Estos eventos son predictores de angustia relacionada con el trauma. Además, otros tipos de estrés ocupacional desafían las creencias y valores morales más arraigados de las

---

[1] Eckerlin et al., "Military Sexual Trauma," 34.
[2] Mota et al, "Prevalence and Correlates," 1.
[3] Eckerlin et al., 35.
[4] Currier et al., "Morally Injurious Experiences," 24-33.

personas.[5]

También podríamos mencionar que el Trastorno de Estrés Postraumático (TEPT) y la depresión se han asociado con efectos negativos en la salud mental de los miembros del servicio. Esto se debe al resultado de despliegues en zonas de peligro y la exposición al caos, la muerte y la pérdida. Luego, el miembro del servicio regresa a casa y se enfrenta al desafío de adaptarse a la vida civil y a una norma cultural completamente distinta.[6]

Mientras he servido por casi 14 años, Dios me ha protegido de cualquiera de estas experiencias traumáticas. Encontré valor al conocer a muchos compañeros temerosos de Dios en el servicio, quienes también han sido bendecidos con esa misma protección. Cuestionamos la idea de que solo porque estas experiencias potenciales existen en el ámbito militar, eso no significa que todos los miembros del servicio las vivirán. Asimismo, en el mundo civil existen posibilidades similares de exposición y sus respectivas repercusiones. Como pastor civil, me encontré con muchas personas que fueron víctimas de abuso, trauma sexual, lesiones morales y traumas posteriores.

Desgaste Físico

Ciertamente, el desgaste físico existe en el ámbito militar de muchas maneras, formas y grados. Desde el momento del reclutamiento, una persona interesada en unirse a las fuerzas armadas debe demostrar al menos una condición física básica. Recuerdo que cuando fui por primera vez a la oficina de reclutamiento del Cuerpo de Marines, pregunté qué debía hacer para unirme, y el reclutador se dirigió a una barra metálica y me pidió hacer tantas dominadas como pudiera. Hice ocho en ese momento, a lo que respondió que había logrado la cantidad mínima para poder alistarme. Durante el entrenamiento básico, un recluta debe demostrar su capacidad para completar 13 semanas de intensos desafíos físicos, lo cual incluye falta de sueño, privación ocasional de comida y

---

[5] Kopacz et al., "A Preliminary Study," 1332.
[6] Hipes, Lucas, & Kleykamp, "Status and Stigma," 477.

largos días de entrenamiento.

No te equivoques: el ejército pone un enorme énfasis en mantenerse activo físicamente. Hoy en día, se han vuelto más flexibles, pero aún mantienen a los miembros del servicio responsables de su estado físico sobresaliente. Dependiendo del campo profesional que uno elija dentro del servicio, también variará el nivel de exigencia física. Por ejemplo, un trabajo administrativo puede no ser tan demandante como alguien en la infantería, que constantemente está en el campo entrenando. Sin embargo, tengo que decir que, independientemente del requisito militar, una persona temerosa de Dios debe siempre procurar mantener su cuerpo en condiciones activas y listas para servir.

Incluso la Desconexión Religiosa/Espiritual

Es cierto que existe la posibilidad de desconectarse de la vida religiosa o espiritual al servir en el ejército. Sin embargo, esta posibilidad no es mayor ni menor simplemente por enlistarse. Sí, ciertas prácticas religiosas pueden volverse más difíciles que otras. Por ejemplo, los que guardan el sábado pueden experimentar dificultades al abstenerse de trabajar durante un despliegue o ante un ataque que exija una reacción inmediata de todas las manos a la obra. El sentido de comunidad también es diferente. Debo decir que acostumbrarse a un nuevo grupo religioso puede ser un desafío para algunas personas que luchan con la socialización. Uno comienza a ser más consciente de que la fe religiosa no depende exclusivamente de la comunidad, sino que se basa principalmente en una relación personal con su deidad.

En el caso de la observancia del sábado, existen varias maneras en las que los miembros del servicio pueden solicitar a un Oficial al Mando (Commanding Officer) tiempo para adorar o participar en prácticas religiosas, lo cual puede ser concedido o denegado dependiendo de cómo afecte la misión.

El servicio militar, con toda su complejidad, refleja el camino del cristiano. Ofrece recompensas que desarrollan el carácter, la disciplina y el propósito, pero también exige resistencia, sacrificio y fe bajo presión.

Cada ventaja tiene un costo, y cada dificultad presenta una lección de perseverancia. A través de este equilibrio, descubrimos que el llamado a servir a la nación no está completamente separado del llamado a servir a Dios. Ambos requieren lealtad, valentía y sumisión a una misión más grande que uno mismo.

El guerrero creyente reconoce que el campo de batalla no es solo físico, sino también espiritual. La misma disciplina que sostiene a un soldado en combate fortalece al creyente en tiempos de tentación. El mismo coraje que enfrenta el peligro con uniforme, equipa al cristiano para confrontar el mal con convicción. El servicio, por tanto, se convierte en algo sagrado cuando fluye desde la fe: cuando la integridad, compasión y obediencia de un soldado reflejan el corazón de Dios.

Las palabras de Pablo a Timoteo resuenan con verdad para cada creyente uniformado: "Tú, pues, sufre penalidades como buen soldado de Jesucristo" (2 Tim. 2:3). El servicio militar no es simplemente una profesión; es una forma de discipulado, un terreno de prueba donde la fe se vive en movimiento. El guerrero creyente aprende que las armas por sí solas no ganan las batallas; la integridad sí. Que el rango por sí solo no impone respeto; el carácter sí.

Al pasar al siguiente capítulo, exploraremos cómo las Escrituras retratan la naturaleza divina del servicio y la guerra—cómo los ejércitos celestiales, la armadura espiritual y los mandatos justos revelan que luchar por la justicia y la paz es caminar al paso del Comandante del ejército celestial. El creyente que sirve en uniforme no está en contradicción con la fe, sino que es su expresión viva: disciplinado, valiente y fiel tanto a Dios como a la patria.

CAPÍTULO 3

Lo Que Dice la Oposición...

LA OPOSICIÓN AL SERVICIO MILITAR dentro de los círculos cristianos no es algo nuevo. De hecho, esta conversación se extiende por siglos y atraviesa denominaciones, sistemas teológicos y convicciones personales. Muchas voces respetadas han argumentado apasionadamente que la participación en conflictos armados es incompatible con las enseñanzas de Jesucristo. Su razonamiento con frecuencia se centra en la santidad de la vida, la no violencia y el deseo de que los creyentes permanezcan sin mancha de los sistemas de este mundo.

Y para ser justos, muchas de estas objeciones provienen de una preocupación moral sincera. No son enemigos de la fe—son, en muchos casos, fieles seguidores de Cristo que intentan navegar la tensión entre la ética del Reino y la ciudadanía terrenal. Sus convicciones merecen ser escuchadas. Pero también merecen ser evaluadas—con cuidado, en oración y a la luz de la Biblia.

Como alguien que ha caminado por ambos senderos—el del guerrero y el del discípulo—creo que debemos mirar más allá de suposiciones superficiales y respuestas simplistas. Este capítulo explora las objeciones cristianas más comunes al servicio militar y considera si esas preocupaciones resisten el peso de las Escrituras y la experiencia vivida.

La Perspectiva Cristiana Conservadora

Los cristianos conservadores suelen sostener una teología del orden divino y la responsabilidad moral. Ven al gobierno y a las instituciones militares como instrumentos que Dios usa para refrenar el mal y preservar la justicia. Citando Romanos 13:1-4, argumentan que la autoridad gobernante "no lleva la espada en vano". Para ellos, la "espada" representa poder legítimo—el derecho moral de proteger al inocente, mantener la ley y castigar al malhechor.

Muchos teólogos conservadores creen que el servicio militar, cuando se lleva a cabo con integridad y claridad moral, está alineado con el mandato de Dios de defender al oprimido. Desde esta perspectiva, servir en las fuerzas armadas puede ser un deber sagrado—una expresión tangible de amor por el prójimo. Para ellos, negarse a proteger a otros del daño cuando uno es capaz de hacerlo no es paz—es negligencia.

Bajo esta visión, el soldado cristiano no es un agresor, sino un guardián. La guerra, aunque trágica, es a veces la respuesta necesaria a la injusticia. Pensadores como Reinhold Niebuhr argumentaban que el pacifismo, aunque idealista, puede volverse pasivo ante el mal. Como escribió: "Defender la democracia con armas no es traicionar el evangelio—es resistir a los poderes que la destruyen." Para muchos cristianos conservadores, el uniforme del soldado y la armadura de fe del creyente no son contradictorios, sino complementarios.

La Perspectiva Cristiana Liberal

Los cristianos liberales y progresistas, por otro lado, hacen énfasis en la no violencia, la reconciliación y la ética radical del Reino de Jesús. Ellos miran al Sermón del Monte—"Bienaventurados los pacificadores" (Mateo 5:9) y "Pon la otra mejilla" (Mateo 5:39)—como el plano para la ética cristiana. Argumentan que la violencia, por muy justificada que sea, perpetúa el ciclo del pecado y la deshumanización.

Para muchos dentro de este campo, las enseñanzas y el ejemplo de Jesús representan una salida completa de la lógica de la guerra. Señalan la negativa de Cristo a invocar ángeles para defenderse en Su arresto, Su silencio ante Pilato, y Su mandato de amar a los enemigos como evidencia de que el arma del cristiano es la compasión, no el combate. Padres de la iglesia primitiva como Tertuliano y Orígenes compartían esta convicción, enseñando que los creyentes no deberían participar en el acto de quitar la vida—aun cuando sea por el Estado.

Voces modernas continúan esa tradición. Muchos teólogos y denominaciones liberales se oponen a la guerra, viendo a las instituciones militares como extensiones del poder mundano que distraen de la misión del Reino de Dios. Abogan por roles no combatientes, misiones humanitarias o fuerzas de mantenimiento de paz como expresiones de "luchar por la paz" sin recurrir a la violencia. Su pregunta no es si el mal existe—es si la violencia alguna vez realmente lo vence.

Terreno Común: La Carga Moral de la Violencia

A pesar de sus diferencias, tanto los cristianos conservadores como los liberales comparten una verdad profunda: la violencia nunca es moralmente neutral. Ambos lados reconocen que quitar una vida—aun en defensa—conlleva un costo espiritual. La pregunta, entonces, no es simplemente si los cristianos pueden servir, sino si pueden hacerlo con rectitud.

La guerra tiene consecuencias que resuenan más allá del campo de batalla. Incluso los conflictos justificados pueden dejar cicatrices morales. Los cristianos conservadores que afirman los principios de la "guerra justa" enfatizan la necesidad de moderación, autoridad legítima e intención correcta. Los cristianos liberales, aunque rechazan la violencia, nos recuerdan la importancia de la compasión y el arrepentimiento. Juntas, sus perspectivas recuerdan al guerrero creyente que la fe nunca debe ser eclipsada por la fuerza.

El Caso Contra el Servicio Militar

Surgen tres objeciones principales de parte de los cristianos que se oponen al involucramiento militar:

- El dilema ético de portar armas y posiblemente quitar una vida
- La preocupación de que la vida militar lleva al compromiso espiritual
- La creencia de que el servicio militar contradice fundamentalmente las enseñanzas de Jesús

Estas objeciones generalmente están basadas en las Escrituras—versículos como *"No matarás"* (Éxodo 20:13) y el llamado de Jesús a *"poner la otra mejilla"* (Mateo 5:39). El razonamiento sigue una lógica comprensible: Si Jesús es el Príncipe de Paz, ¿cómo podrían sus seguidores ser agentes de guerra?

La Carga de Portar Armas

La imagen de un cristiano con un arma inquieta a muchos. Plantea preguntas difíciles: ¿Puede un creyente que sigue al Príncipe de Paz también portar un fusil? ¿Puede alguien servir tanto al Reino de Dios como a un estado-nación que hace guerra?

Los críticos argumentan que portar un arma—aun con intenciones nobles—inevitablemente pone al creyente en conflicto con las enseñanzas de Jesús. Temen que el servicio militar requiera un nivel de compromiso moral que ningún cristiano debería verse forzado a aceptar, especialmente si el rol involucra el uso de fuerza letal. La preocupación no es solo por la violencia externa, sino también por la erosión interna de la conciencia.

Y la preocupación es comprensible. La guerra es violenta. El combate cambia a las personas. Pero ¿significa esto que todo servicio es incompatible con la fe? ¿O hay otra manera de pensar sobre el servicio—una que reconozca tanto el peso de la violencia como la posibilidad de una intervención justa?

Una Institución Secular y una Fe Sagrada

Otro argumento en contra del servicio militar es que el ambiente en sí es espiritualmente corrosivo. El ejército a menudo es percibido como un sistema duro, jerárquico y mundano. Los críticos señalan la prevalencia de blasfemias, inmoralidad y una cultura orientada a la misión que parece dejar poco espacio para el alimento espiritual o la comunidad.

Es cierto que el ambiente militar puede ser espiritualmente solitario. Los ritmos de adoración, comunión y vida eclesiástica a menudo se ven interrumpidos por despliegues, misiones y rotaciones. Pero estas realidades no son tan distintas de las que enfrentan misioneros, trabajadores humanitarios o cualquier persona que se aventure fuera de la zona de confort de las paredes de la iglesia. La verdadera pregunta es: **¿Un ambiente hostil descalifica al cristiano de entrar en él—o hace más necesaria su presencia?**

Preocupaciones Bíblicas y Teológicas

Desde una perspectiva teológica, algunos sostienen que el servicio militar está fundamentalmente en desacuerdo con la identidad cristiana. Después de todo, somos ciudadanos de otro reino. Pablo escribe: "Nuestra lucha no es contra carne ni sangre" (Efesios 6:12), recordando a los creyentes que nuestra verdadera batalla es espiritual. Los seguidores de Cristo deben ser pacificadores, no participantes en sistemas de destrucción.

¿Pero es esta la imagen completa?

La Biblia está llena de hombres y mujeres piadosos que fueron llamados a contextos de conflicto—a veces violentos, a veces redentores. El ámbito espiritual no es un lugar seguro; es un campo de batalla. Reducir el cristianismo a una resistencia pasiva ignora la imagen activa, confrontativa e incluso guerrera que se encuentra a lo largo de las Escrituras.

Pedro y la Espada: Un Momento Malinterpretado

Uno de los pasajes más citados contra el servicio militar se encuentra en el Jardín de Getsemaní. Pedro, intentando proteger a Jesús, saca su espada y le corta la oreja a Malco, un siervo del sumo sacerdote. La respuesta de Jesús es inmediata y firme: "¡Guarda tu espada! ¿Acaso no he de beber el trago amargo que el Padre me ha dado?" (Juan 18:11).

A primera vista, parece que Jesús está rechazando la violencia. Pero una lectura más cuidadosa revela algo más profundo. **Jesús nunca le dijo a Pedro que no portara una espada.** De hecho, en Lucas 22:36, les dice a sus discípulos que se armen. El problema no era la presencia de la espada—**sino el momento y el propósito de su uso.**

Pedro malinterpretó el momento. Intentó luchar una batalla espiritual con fuerza física. Jesús no estaba condenando la defensa o la protección—estaba aclarando Su misión. La cruz no podía evitarse con violencia. La redención requería rendición.

Este momento no invalida el servicio militar; nos llama al discernimiento. Hay momentos en que luchar está mal. Y hay momentos en los que es necesario—no por venganza o conquista, sino por justicia y protección.

Guerreros en las Escrituras

La idea de que el servicio militar es inherentemente pecaminoso o incompatible con la fe no está respaldada por el conjunto de las Escrituras. Por el contrario, muchos de los instrumentos escogidos por Dios fueron hombres y mujeres que lucharon batallas—físicas y espirituales—por causa de la justicia.

- **David,** un hombre conforme al corazón de Dios, fue un rey guerrero que lideró ejércitos con valentía y humildad. Sus salmos están llenos de súplicas por protección divina en la batalla.

- El centurión romano en Mateo 8 era un oficial militar de carrera, y aun así Jesús se maravilló de su fe—declarando que era mayor que la de cualquier israelita.

- Miguel el arcángel lidera ejércitos celestiales contra las fuerzas de las tinieblas (Apocalipsis 12:7). Incluso el cielo hace guerra—porque el mal debe ser confrontado.

Reconciliando la Fe con el Servicio Militar

Debemos preguntarnos: Si el campo de batalla es uno de los lugares más oscuros del mundo, ¿por qué Dios no enviaría a Su pueblo allí? La sal pertenece a lo que está corrompiéndose. La luz pertenece donde hay oscuridad. Un cristiano que se une al ejército no traiciona el evangelio—puede convertirse en su embajador más necesario con uniforme. Sí, hay complejidades éticas. Sí, los riesgos son reales. Pero la respuesta no es retirarse—es involucrarse con sabiduría, convicción y una conexión inquebrantable con la Vid (Juan 15:5). El servicio militar no es un desvío del discipulado—puede ser una de sus expresiones más intensas.

Un Llamado, No un Compromiso

Algunos aún estarán en desacuerdo. Y eso está bien. La objeción de conciencia tiene su lugar en la historia cristiana. Pero para otros—los que sienten un llamado, una carga para servir—su vocación no debe ser descartada ni avergonzada. No todos los soldados son impulsados por el nacionalismo. Algunos son movidos por la convicción, por el deseo de proteger, sanar y cargar las cargas de sus hermanos.

Jesús oró: "No te pido que los quites del mundo, sino que los protejas del maligno" (Juan 17:15). Esta oración es tan relevante para los creyentes con uniforme como para los que están en el púlpito. Dios no llama a todos al mismo campo de batalla—pero sí llama a cada uno de nosotros a seguirlo con integridad donde sea que seamos enviados.

La oposición al servicio militar entre los cristianos nace de preocupaciones genuinas, pero debe ser evaluada a la luz de toda la verdad bíblica. La vida militar no es fácil, ni siempre es comprendida por quienes están fuera. Pero para el creyente que entra con oración, humildad y anclado en Cristo—puede convertirse en un lugar profundo de transformación.

El servicio militar, cuando se rinde a Dios, puede convertirse en un instrumento de gracia. No a pesar del uniforme, sino a través de él.

Lo sé, no porque lo haya leído en un libro, sino porque lo viví.

CAPÍTULO 4

Dios Puede Tener un Plan Para Ti

LA PREGUNTA QUE RESUENA en el corazón de muchos jóvenes que consideran el servicio militar es profunda y personal: ¿Y si Dios me está llamando a servir? No es solo una pregunta logística o de carrera; es una pregunta espiritual. Es una pregunta que habla de propósito, llamado, identidad y fe.

Recuerdo haber luchado con esa misma inquietud. Cuando me uní al Cuerpo de Marines en el 2003, aún no sabía cómo responderla. No me daba cuenta de que detrás de mi búsqueda de disciplina, pertenencia y un nuevo comienzo, había una mano divina guiando mis pasos. Con el tiempo, lo veo con mayor claridad: Dios tenía un plan. No solo un plan general, sino uno personal—adaptado a mis miedos, mi pasado, mis fortalezas e incluso mis fracasos. Mi experiencia militar no fue un desvío de la voluntad de Dios; fue el camino mismo que Él usó para llevarme hacia Él y hacia el ministerio. Y lo mismo puede ser cierto para ti.

Un Viaje de Fe Comienza

Tenía veintiún años, un inmigrante aún adaptándome a un nuevo país, aprendiendo el idioma y las costumbres de los Estados Unidos. No crecí soñando con el ejército. Ciertamente no me veía como alguien que un día vestiría el uniforme del Cuerpo de Marines de los Estados Unidos. Pero la vida tiene una forma de llevarnos a lugares inesperados, especialmente cuando Dios está obrando detrás de escena.

Cuando me alisté, buscaba estructura y propósito. No estaba pensando en teología ni en el ministerio—estaba pensando en sobrevivir. Necesitaba una salida. Pero Dios tenía en mente más que solo ayudarme a encontrar dirección; Él quería reformar mi identidad.

Dos años después de comenzar mi servicio, durante una noche tranquila en Camp Lejeune, algo se movió en mi interior. No estaba en una capilla. No escuchaba un sermón. Estaba solo con mi Biblia. Abrí en Jeremías 1:5, y las palabras saltaron de la página: "Antes de formarte en el vientre, te conocí. Antes de que nacieras, te aparté. Te nombré profeta a las naciones."

Había leído ese versículo antes, pero esa noche se sintió personal. ¿Podría ser que Dios me había visto mucho antes de que yo lo viera a Él? ¿Podría ser que mi servicio militar no era un desvío—sino una preparación?

Cuando el Llamado y la Obediencia se Cruzaron

Ese momento encendió un viaje de discernimiento. Al principio, me sentía no calificado. Era un Marine, un inmigrante, y alguien sin formación religiosa formal. ¿Podría Dios realmente estar llamando a alguien como yo al ministerio? Parecía improbable, incluso una locura. Pero el llamado rara vez espera a que uno se sienta listo. Te llama tal como eres—y te moldea en el camino.

En 2005, ya no pude ignorarlo. El llamado al ministerio era innegable. Y en lugar de pedirme abandonar mi carrera militar, Dios me invitaba a construir sobre ella. Mi entrenamiento, disciplina, trabajo en equipo y resiliencia—todo se convertiría en herramientas para una misión mucho más grande: pastorear almas y proclamar Su Palabra.

Esa transición no ocurrió de la noche a la mañana. Como muchos que luchan por comprender la voluntad de Dios, tuve que atravesar momentos de incertidumbre, dudas y temor.

Pero paso a paso, Dios me fue guiando—por medio de las Escrituras, la oración y la comunidad—y confirmó que Su mano había estado sobre mi vida desde el principio.

Bendiciones en el Camino

Obedecer el llamado de Dios suele ser la puerta hacia bendiciones que nunca habríamos anticipado. Fue durante esta etapa de transición que conocí a la mujer que se convertiría en mi esposa: una puertorriqueña de fe firme y corazón inquebrantable. Desde entonces, ella ha sido mi ancla. Nos casamos poco después y, juntos, construimos una vida centrada en la fe, el amor y el servicio.

En 2007, fuimos bendecidos con nuestra hija—un hermoso recordatorio de la generosidad y gracia de Dios. La paternidad profundizó mi comprensión de lo que significa liderar, servir y amar incondicionalmente. Cada pañal cambiado, cada oración susurrada por la noche, cada momento de alegría y agotamiento—todos se convirtieron en parte de mi formación espiritual.

Con una familia en crecimiento y un ardiente sentido de propósito, perseguí una licenciatura en teología, seguida de una Maestría en Divinidad, y finalmente, un doctorado en filosofía. Ese camino no fue fácil. Equilibrar responsabilidades militares, estudios, ministerio y paternidad fue una prueba de perseverancia. Pero en cada desafío, la provisión de Dios fue clara. Él no me llamó a algo para lo cual no me iba a equipar.

El Ejército como el Horno Refinador de Dios

Al mirar atrás, veo que el ejército no me alejó de Dios—me acercó más a Él. El Cuerpo de Marines se convirtió en un horno refinador para mi carácter. Me enseñó resistencia, responsabilidad, humildad y autodisciplina. Me puso en situaciones donde orar no era opcional, sino vital. Expuso mis debilidades, probó mis límites y fortaleció mi confianza en Dios.

Para quienes temen que el ejército pueda ser demasiado secular o demasiado distante de la fe, quiero ofrecer esta perspectiva: el ejército puede ser uno de los terrenos más fértiles para el crecimiento espiritual. Donde hay riesgo, hay dependencia. Donde hay sufrimiento, a menudo hay claridad. Y donde hay propósito, muchas veces hay llamado.

Superando el Miedo y Confiando en el Propósito de Dios

El miedo tiene una forma sutil de pararse en la puerta de nuestro llamado. Susurra que no somos lo suficientemente buenos, que no somos lo suficientemente santos, ni lo suficientemente fuertes. Pero esas son mentiras. Como Pablo le recordó a Timoteo: "Porque no nos ha dado Dios espíritu de cobardía, sino de poder, de amor y de dominio propio" (2 Timoteo 1:7).

Si Dios está tocando tu corazón para considerar el servicio militar—no como un escape, sino como un llamado—entonces puedes caminar ese camino con valentía, sabiendo que Él camina contigo. No necesitas ver el panorama completo. No necesitas tener todas las respuestas. Solo necesitas la fe suficiente para dar el siguiente paso. Y muchas veces, así es como funciona el llamado: un paso obediente a la vez.

El Llamado que No Reconoces

Muchas personas creen que el llamado de Dios debe sonar como una trompeta—fuerte, claro e inconfundible. Pero mi experiencia me ha enseñado que a veces llega en silencio, disfrazado de confusión o necesidad. Yo tenía 21 años, un inmigrante de Centroamérica, apenas fluido en inglés. Había sobrevivido al choque cultural, las dificultades económicas y la incertidumbre espiritual. No me uní a los Marines por una visión celestial. Me uní porque no sabía qué más hacer. El mundo que me rodeaba ofrecía poca guía, y el futuro era una niebla de incertidumbre. Necesitaba un camino. Y el Cuerpo de Marines, de todos los lugares, abrió sus puertas.

No sabía que eso era dirección divina. No tenía una teología de la vocación. No entendía lo que era un llamado. Pero aunque yo estaba inconsciente, Dios no estaba ausente. Él estaba trabajando tras bambalinas, orquestando circunstancias, ablandando mi corazón, preparando citas divinas y estableciendo lecciones que jamás habría aprendido en un seminario o en un aula.

Cuando el Uniforme se Encuentra con el Altar

Aprendí a lustrar mis botas antes de aprender a interpretar un pasaje bíblico. Me puse firme en atención mucho antes de pararme detrás de un púlpito. Y levanté mi mano derecha para defender la Constitución antes de alzar ambas manos en adoración como pastor.
Lejos de ser el antónimo de la fe, el servicio militar se convirtió en la arena donde Dios forjó el carácter que mi llamado al ministerio requeriría. Y esta realización—esta fusión entre disciplina militar y devoción espiritual—me sacudió hasta lo más profundo.

Dios usó mi tiempo en los Marines como un campamento de entrenamiento espiritual. La disciplina estricta, el entrenamiento en resistencia, el valor de la integridad y la dolorosa ruptura del ego fueron todas lecciones que no sabía que necesitaba. Fue allí donde aprendí a someterme a la autoridad, no solo a oficiales al mando, sino al Rey de Reyes.

Fue allí donde comencé a entender lo que significaba servir a otros, soportar la adversidad y salir de mi zona de comodidad. Me di cuenta de que el entrenamiento básico no solo estaba rompiendo mi cuerpo—estaba rompiendo mi orgullo. Y solo a través de esa ruptura, Dios podía comenzar a construirme como un hombre con propósito.

Tu Lugar en una Historia Más Grande

Una de las verdades más liberadoras que he llegado a aceptar es que somos parte de una historia mucho más grande. Tal vez pienses que tu decisión de enlistarte se trata solo de beneficios, educación o estructura. Y quizás esas cosas sean importantes.

Pero ¿y si tu historia está conectada con la salvación de alguien más? ¿Y si tu asignación no es solo disparar un arma o servir a un comando, sino plantar semillas del evangelio en corazones que jamás conocerías de otra manera?

Jesús dijo en Mateo 5:13–14: "Vosotros sois la sal de la tierra... Vosotros sois la luz del mundo." ¿Dónde se necesita sal? En lugares sin sabor. ¿Dónde se necesita luz? En la oscuridad. Si solo permaneces en ambientes "seguros", rodeado de otros creyentes, ¿cómo puede tu fe tener un impacto real?

El entorno militar ubica a creyentes en algunos de los espacios espiritualmente más desolados—lugares donde reinan la vulgaridad, el orgullo, el trauma y la desesperanza. Y es justamente en esos lugares donde más se necesita tu luz.

La idea de que Dios solo llama a personas a un ministerio pastoral o misionero en el extranjero es un malentendido trágico de las Escrituras. A lo largo de la Biblia, Dios envía a su pueblo al corazón del conflicto—no para huir, sino para involucrarse. Piensa en José, enviado a Egipto. Piensa en Daniel, promovido en Babilonia. Piensa en Ester, elevada para "un tiempo como este" en el palacio persa. Ninguno de ellos estaba en lugares tradicionalmente "sagrados". Sin embargo, Dios los colocó allí como agentes de transformación.

Cuando Dios te Envía a Babilonia

El entorno militar puede sentirse como Babilonia—un lugar con lealtades en competencia, reglas estrictas y una cultura que no siempre refleja los valores del Reino de Dios. Pero recuerda esto: Dios nunca ha necesitado un entorno perfecto para hacer una obra perfecta.

De hecho, muchas veces es en las "Babilonias" de la vida donde Dios levanta a Sus siervos más fieles. En Jeremías 29, Dios da un mandato sorprendente a los exiliados judíos: "Construyan casas y habítenlas... procuren la paz y prosperidad de la ciudad a la que los he llevado en el exilio. Oren al Señor por ella" (Jeremías 29:5-7). No les dijo que escaparan de Babilonia. Les dijo que la bendijeran.

Eso cambió por completo mi forma de pensar. Durante mucho tiempo, creí que la fe consistía en escapar de ambientes difíciles—correr hacia la comodidad y huir del caos. Pero la Escritura nos enseña que, a veces, Dios nos envía directamente al corazón del caos, no para ser consumidos por él, sino para influenciarlo. Del mismo modo, el entorno militar puede no parecer un campo misionero espiritual, pero lo es.

Es un lugar único donde las personas están rotas, en búsqueda, abiertas, y dispuestas a hablar sobre la vida y la muerte de formas que jamás lo harían en la vida civil. Por eso tu presencia allí importa. Puede que tú seas la única Biblia viviente que alguien llegue a "leer." Puede que tú seas el único predicador que estén dispuestos a escuchar. Puede que seas el amigo que escucha cuando nadie más lo hace.

Una Teología de Vocación y Llamado

Demasiado a menudo, los creyentes hablan del "llamado" solo en términos relacionados con la iglesia. Pero la Escritura no hace tal distinción. Colosenses 3:23 nos recuerda: "Y todo lo que hagáis, hacedlo de corazón, como para el Señor y no para los hombres."
Ya sea que seas pastor o piloto, capellán o cabo, tu servicio puede ser sagrado si tu corazón está rendido a Dios.

Martín Lutero dijo una vez: "La sirvienta que barre su cocina está haciendo la voluntad de Dios tanto como el monje que ora—si lo hace para la gloria de Dios." El mismo principio aplica para soldados, aviadores, marineros, y la naval. La pregunta no es la naturaleza del trabajo, sino la postura del corazón.

¿Y si el ejército no es solo una carrera, sino un llamado?
¿Y si Dios te está posicionando para ser un Daniel en tus barracas, una

Ester en tu cadena de mando, un José en tu despliegue?

No Existe lo "Secular" para el Corazón Rendido

Una de las mentiras espirituales más grandes es la separación entre "sagrado" y "secular." Muchos cristianos piensan que Dios solo está interesado en lo que sucede dentro de las paredes de una iglesia—sermones, adoración y oración. Pero si Dios solo nos llamara a servir en iglesias, ¿quién alcanzaría las calles? ¿Quién alcanzaría las bases militares? ¿Quién brillaría en salas de juntas, aulas o zonas de conflicto?

La verdad es esta: para una vida completamente rendida, no existe el trabajo secular. Todo se vuelve sagrado cuando se ofrece en obediencia. Ya sea que estés custodiando un puesto, asistiendo al campamento de entrenamiento o volando en una misión, tu vida puede ser un altar. Tu obediencia, tu actitud, tu integridad—estas son ofrendas a Dios.

Romanos 12:1 nos exhorta a: "Presentad vuestros cuerpos en sacrificio vivo, santo, agradable a Dios, que es vuestro culto racional." Eso significa que la adoración no es solo una actividad dominical—es un estilo de vida. Dios no necesita que uses un alzacuello para usarte. Solo necesita tu "sí."

Sal para lo Insípido

Jesús llama a sus seguidores "la sal de la tierra" (Mateo 5:13). La sal es más que un condimento; es preservación. En tiempos bíblicos, antes de que existiera la refrigeración, la sal evitaba que la comida se pudriera. Se frotaba en la carne para preservarla de la descomposición. Esa imagen es poderosa. La sal no cumple su función quedándose en el frasco. Solo funciona cuando se aplica a la carne cruda y en proceso de descomposición. Del mismo modo, la presencia de creyentes en entornos corruptos no los contamina—los preserva.

¿Y si Dios quiere enviarte a los lugares "crudos" de la vida? A unidades plagadas de vulgaridad, a despliegues llenos de desesperación, a comunidades donde reinan la violencia y el odio. Y no para juzgarlas, sino para preservarlas. Tu presencia puede frenar la decadencia moral y espiritual. Tu vida puede interrumpir un ciclo. Tu valentía puede evitar un suicidio. Tu carácter puede restaurar el honor. Dios puede usarte para proteger vidas de más de una manera.

La sal también provoca sed. Una vida vivida en alineación con Cristo hace que otros deseen lo que tú tienes. Recuerdo que durante un despliegue, uno de mis compañeros marines se me acercó después de un día agotador de entrenamiento. No pidió un debate teológico ni una invitación a la iglesia. Solo dijo: "Hay algo diferente en ti. ¿Podemos hablar?"

Luchaba con culpa por asuntos del hogar, con depresión, y cuestionaba su propósito. Y en ese momento—por la forma en que vivía, no solo por lo que decía—Dios abrió una puerta para el evangelio. Tu salinidad importa. Tu presencia importa. La forma en que tratas a tu oficial al mando, cómo portas tu arma, cómo muestras compasión a tus hermanos y hermanas de armas—estas son predicaciones más fuertes que mil sermones.

El Poder del Propósito en Lugares Inesperados

Es fácil sentir que el ejército es demasiado rudo, demasiado secular, demasiado distante de la iglesia como para ser usado por Dios. Pero déjame preguntarte esto: ¿en qué otro lugar encuentras a jóvenes sometiéndose voluntariamente a una disciplina que cambia vidas, a la abnegación y a la lealtad hacia una misión más grande que ellos mismos? En ciertos aspectos, el ejército ofrece una imagen más clara de la vida cristiana que muchas iglesias.

En los Marines, nos enseñaron valores como el honor, el coraje y el compromiso. Fuimos entrenados para soportar dificultades, respetar la autoridad y proteger a los nuestros—aunque eso costara nuestras vidas. Estos valores no contradicen las Escrituras; las reflejan. Jesús dijo en Juan 15:13: "Nadie tiene mayor amor que este, que uno ponga su vida por sus amigos." Los soldados viven este versículo cada día.

¿Qué pasaría si Dios pudiera usar el ejército como un crisol para refinar tu carácter? ¿Y si el campo de entrenamiento se convirtiera en tu desierto, como lo fue para Moisés? ¿Y si los despliegues se convirtieran en tu campo misionero, como los viajes de Pablo? ¿Y si tu servicio se transformara en tu santificación?

Dejemos de limitar a Dios a los espacios religiosos. Él es el Dios del universo, no solo de la iglesia. Llamó a pescadores y recaudadores de impuestos. Se encontró con pastores en los campos y sabios en palacios. Puede encontrarse contigo en tu cuartel, en el campo de batalla o en una sala de informes.

Tu Testimonio es Tu Arma

Una de las herramientas más poderosas que tiene un cristiano en cualquier entorno es su testimonio. No necesitas ser teólogo. No necesitas un título de seminario. Solo necesitas contar tu historia—lo que Dios ha hecho por ti, cómo cambió tu vida, de qué te rescató.

Apocalipsis 12:11 dice: "Ellos lo vencieron [a Satanás] por medio de la sangre del Cordero y por la palabra del testimonio de ellos." Tu historia tiene poder. Y en el ejército, las historias importan. Cuando sirves hombro a hombro con alguien a través del cansancio, el miedo o la pérdida, las barreras se derrumban. Las personas están más abiertas de lo que crees. Y cuando vean que tienes paz en medio del caos, fuerza en la debilidad y esperanza en la oscuridad, querrán saber por qué.

Prepárate para contarles. Prepárate para decir: "No soy perfecto, pero conozco al que sí lo es. He estado roto, pero he sido sanado. He visto la oscuridad, pero camino en la luz. Y creo que Él también tiene un plan para ti."

No subestimes cómo Dios puede usar tu historia. No subestimes cuántos te están observando, incluso en silencio. Puede que nunca vayan a una iglesia, pero recordarán cómo perdonaste una ofensa. Recordarán cómo mantuviste la calma bajo presión. Recordarán cómo oraste en secreto, cómo animaste al cansado, cómo te mantuviste limpio cuando otros se rindieron. Y un día, acudirán a ti—y te preguntarán por qué. Y ese día, tu testimonio se convertirá en tu arma.

El Ministerio No Siempre Usa Una Túnica

Uno de los conceptos erróneos más grandes dentro de la Iglesia es la idea de que el ministerio está confinado a un púlpito. Que a menos que estés predicando, enseñando o liderando la alabanza, no estás realmente "haciendo ministerio". Pero la Escritura ofrece una visión mucho más amplia del llamado de Dios. El ministerio no es un título—es un estilo de vida. Es servir a otros con amor, verdad y humildad dondequiera que Dios te coloque.

En el ejército, tu púlpito puede ser una litera en un barracón. Tu congregación podría ser tu escuadrón. Tus sermones pueden ser transmitidos más por acciones que por palabras—por medio de la disciplina, el respeto y la integridad. He visto más oportunidades para el evangelio durante turnos de guardia nocturnos que en algunas bancas de iglesia. ¿Por qué? Porque la autenticidad prospera en los espacios crudos. Cuando hombres y mujeres se despojan del confort, del rango y de la rutina, se abren más a conversaciones reales—conversaciones sobre la muerte, el miedo, la identidad y la eternidad.

Puede que seas la única Biblia que alguien lea. En momentos de agotamiento, duda o desesperación, tu ejemplo constante puede predicar más fuerte que mil sermones. El ministerio es estar presente cuando otros se alejan. Es hablar paz en medio de una tormenta, mostrar bondad en un mundo duro y ofrecer esperanza cuando parece no haber ninguna. Es ser un embajador de Cristo con botas y camuflaje.

Este es el corazón del ministerio encarnacional—Dios tomando forma en lugares reales a través de personas reales. Lo hizo en Jesús. Quiere hacerlo contigo.

¿Cómo Saber Si Es El Plan De Dios?

Esta es la pregunta que atormenta a muchos jóvenes: ¿Cómo puedo saber si el ejército es la voluntad de Dios para mí?
No hay una respuesta única, pero sí existen principios bíblicos que pueden ayudarte a discernir:

1. *¿Estás buscando a Dios en oración?* Dios no está en silencio. Él habla a través de Su Palabra, Su Espíritu y Su pueblo. Si estás considerando el servicio militar, comienza con una oración constante. Pídele que cierre las puertas que no son Su voluntad y abra aquellas que sí lo son. (Santiago 1:5).
2. *¿Otros confirman tu llamado?* El consejo sabio importa. Habla con mentores espirituales, pastores y creyentes maduros. Pídeles que oren contigo. A menudo, Dios usa a otros para confirmar lo que ya ha estado sembrando en tu corazón. (Proverbios 11:14)
3. *¿Tus motivos están alineados con Sus propósitos?* Pregúntate con honestidad: ¿Por qué quiero enlistarme? Si es por venganza, orgullo o solo dinero, tal vez debas hacer una pausa. Pero si sientes un llamado más profundo a servir, proteger, crecer y ser testigo—es muy posible que Dios esté en ello. (1 Samuel 16:7)
4. *¿Te trae paz—no comodidad, sino paz?* El plan de Dios no siempre conduce a la comodidad, pero sí trae paz. Hay una diferencia. Jonás no tuvo paz en un barco que iba en dirección contraria, pero Pablo tuvo paz en prisión. Deja que la paz de Cristo gobierne tu corazón. (Colosenses 3:15)

Los planes de Dios a menudo nos estiran. Rara vez tienen sentido al principio. Pero siempre son para nuestro bien y Su gloria.

Cuando El Ejército Se Convierte En El Campo Misionero

Todo creyente es un misionero, ya sea en tierra extranjera o en su ciudad natal. Pero el ejército presenta un campo misionero único—uno lleno de jóvenes de cada estado, cada trasfondo, cada fe (o ausencia de ella). Estarás hombro a hombro con personas que quizás nunca conocerías de otro modo. Y muchos están buscando—hambrientos de propósito, de significado, de algo real.

No necesitas ir al extranjero para cumplir la Gran Comisión (Mateo 28:19–20). A veces Dios trae a las naciones hacia ti a través de tu pelotón. Puede que te sientes junto a un musulmán durante un vuelo, duermas junto a un ateo durante el entrenamiento, o compartas una comida con alguien que nunca ha oído el evangelio en su vida. ¿Qué harás con esa oportunidad?

He tenido momentos en el ejército en los que me preguntaba si estaba haciendo algún impacto espiritual. Pero Dios me recordó—no se trata de números. Se trata de fidelidad. Una semilla plantada en silencio puede un día florecer con valentía. Tu trabajo no es convertir—es representar. Sé el aroma de Cristo (2 Corintios 2:15) y deja que el Espíritu haga el resto.

No Te Descalifiques

Alguna vez creí que mi pasado me descalificaba del ministerio. Era un inmigrante. El inglés no era mi lengua materna. No crecí en la iglesia. Cargaba con dolor, dudas y orgullo. Veía más mis fallas que mi potencial. Pero Dios se especializa en usar lo inesperado. Escogió a Moisés—un tartamudo—para hablar ante Faraón. Escogió a David—un pastorcito—para vencer gigantes. Escogió a Ester—una huérfana en el exilio—para salvar a una nación. Escogió pescadores, cobradores de impuestos, e incluso a celotes para ser Sus discípulos. ¿Por qué no habría de escoger a un infante de marina?

Cualquiera que sea tu pasado, tus fracasos o tus miedos—Dios puede usarte. De hecho, quiere usarte. No dejes que tu pasado te robe tu propósito. Como escribió Pablo en 1 Corintios 1:27–29: "Pero Dios escogió lo necio del mundo para avergonzar a los sabios; y escogió lo débil del mundo para avergonzar a lo fuerte... para que nadie se jacte delante de Él." Tu debilidad puede ser precisamente el vaso a través del cual Dios muestre Su poder.

De Camuflaje a Llamado

El viaje de ser soldado a ser siervo del evangelio puede parecer como dos caminos distintos, pero a menudo están profundamente entrelazados. Cuando di mis primeros pasos en el campo de entrenamiento, nunca imaginé que Dios usaría esos mismos pasos para guiarme al ministerio. Sin embargo, una y otra vez, he visto cómo las experiencias militares reflejaban realidades espirituales.

- **La disciplina** se convirtió en devoción.
- **La obediencia** al mando se transformó en obediencia a Dios.
- **El trabajo en equipo** y la hermandad me prepararon para pastorear una iglesia.
- **El enfoque** en la misión me enseñó la urgencia del evangelio.

La vida militar me enseñó a asumir responsabilidad, a luchar frente a la adversidad, y a proteger a los que están bajo mi cuidado—lecciones que más tarde se convertirían en el núcleo de mi llamado pastoral. Dios usó el uniforme para preparar el vaso.

A menudo pienso en José en el libro de Génesis. Fue vendido como esclavo, encarcelado y olvidado. Pero cada capítulo de su vida fue una preparación divina para el propósito que Dios tenía para él: salvar muchas vidas. Les dijo a sus hermanos: "Ustedes pensaron hacerme mal, pero Dios lo encaminó para bien" (Génesis 50:20). Tal vez ahora no comprendas cómo todo encaja. Pero Dios es un maestro en tejer piezas rotas y convertirlas en resultados hermosos.

La Voz de Dios en Lugares Inesperados

Algunos de mis aprendizajes espirituales más profundos no llegaron en una iglesia, sino en momentos tranquilos después de patrullas, en la quietud de un puesto de guardia o en el silencio de una tienda bajo las estrellas. El entorno militar elimina distracciones. Te obliga a enfrentarte contigo mismo. Y en esa honestidad cruda, Dios suele hablar.

- Habla en tu agotamiento, recordándote que Su poder se perfecciona en la debilidad (2 Corintios 12:9).
- Habla en tus temores, susurrándote que no te ha dado un espíritu de cobardía, sino de poder, amor y dominio propio (2 Timoteo 1:7).
- Habla en tu soledad, afirmándote: "Nunca te dejaré ni te

abandonaré" (Hebreos 13:5).
- Habla en tus dudas, asegurándote que "el que comenzó en ustedes la buena obra, la perfeccionará hasta el día de Jesucristo" (Filipenses 1:6).

Maybe you've been waiting for God to show up in stained glass and organ hymns, but He's been walking beside you in boots and combat gear the whole time. God's presence is not bound to buildings. His voice is not limited to pulpits. He can speak in the field just as clearly as He speaks from a mountaintop.

Sal y Luz en un Mundo Sin Sabor

En Mateo 5:13–14, Jesús llama a sus seguidores "la sal de la tierra" y "la luz del mundo." Estas palabras no son solo poéticas—son intencionales. La sal conserva y purifica. La luz expone y guía. Ambas requieren presencia. No puedes darle sabor a la comida si no estás dentro del plato. No puedes iluminar una habitación si no estás en la oscuridad. Por eso tu presencia en el ejército importa. Los barracones necesitan sal. El campo de batalla necesita luz. No todos los que visten uniforme conocen a Dios, pero pueden conocer a alguien que sí lo conoce—tú.

Recuerdo una noche tarde, cuando un compañero marine golpeó la puerta de mi habitación. No era cristiano. Apenas me conocía. Pero había escuchado de alguien más que yo oraba. Esa noche, con lágrimas en los ojos, me pidió si podía orar por él. Estaba cansado. Enojado. Perdido. No quería un sermón. Solo necesitaba a un amigo con fe.

En ese momento, no era un predicador—era un vaso. Y eso fue suficiente. Puede que nunca te pares detrás de un púlpito, pero tu vida puede predicar. Tu actitud puede sanar. Tu ejemplo puede desafiar. No tienes que ser perfecto. Solo tienes que estar presente.

Haciendo las Paces con el Llamado de Guerrero

Hay una tensión entre ser cristiano y ser soldado. Algunos creyentes se sienten culpables por usar un uniforme. Otros luchan con las implicaciones éticas de la guerra y la violencia. Estas son preocupaciones válidas—y debemos tomarlas en serio. Pero recuerda esto: Dios nunca nos llamó a ser imprudentes. Nos llamó a ser fieles.

La Biblia está llena de guerreros que Dios usó poderosamente. Josué. Gedeón. Débora. David. Estas fueron personas que sabían cómo luchar, pero también cómo adorar. No eran perfectos, pero estaban disponibles. Estar en el ejército no significa que estés eligiendo la violencia. Significa que estás de pie en la brecha—a menudo en lugares de caos—para traer orden, paz y protección. El corazón de un soldado piadoso no es la agresión—es el servicio.

¿Y no es eso lo que Jesús modeló? Él vino para servir, no para ser servido (Marcos 10:45). Enfrentó la injusticia. Protegió a los vulnerables. Entregó su vida por sus amigos. Puedes ser un guerrero y un adorador. No son mutuamente excluyentes—son bíblicamente compatibles.

No Esperes el Momento Perfecto

Demasiadas personas retrasan la obediencia esperando el "momento perfecto." Pero aquí hay una verdad: el momento perfecto rara vez llega. Dios no siempre espera a que nos sintamos listos—Él actúa cuando estamos dispuestos. Si yo hubiera esperado hasta tener todas las respuestas, nunca habría ingresado al ejército. Si hubiera esperado hasta sentirme capacitado, nunca habría ido al seminario. Si hubiera esperado hasta sentirme santo, nunca habría predicado.

La obediencia muchas veces precede a la claridad. Así que, si estás en una encrucijada preguntándote si el ejército podría ser parte del plan de Dios para tu vida—no ignores ese tirón en tu corazón. Ora. Busca consejo. Examina tus motivos. Y luego, confía en que el camino de Dios tal vez luzca diferente a lo que esperabas, pero siempre te acercará más a Él.

Tú Podrías Ser la Respuesta a la Oración de Alguien

Una de las realizaciones más sobrecogedoras que he tenido es que a veces tú eres el milagro por el que alguien más está orando. A menudo oramos para que Dios intervenga en un mundo roto, pero ¿y si Su respuesta es enviarte a ti? No porque seas perfecto, sino porque estás disponible. No porque tengas todas las respuestas, sino porque has caminado por caminos difíciles y aún crees. No porque seas un santo, sino porque has pasado por el fuego y aún llevas luz.

Cuando Jesús dijo: "Ustedes son la luz del mundo," no se lo dijo solo a pastores, misioneros o graduados de seminario. Se lo dijo a pescadores, recaudadores de impuestos, gente común. Estaba diciendo: "El mundo está oscuro—y estoy poniendo Mi luz en ustedes." Esa luz no se apaga cuando usas un uniforme. De hecho, puede que brille aún más.

En tu unidad, alguien está luchando con la depresión. En tus barracones, alguien está cuestionando su valor. En una misión, alguien se está preguntando si Dios siquiera existe. En tu círculo, alguien está orando por paz, por fuerza, por esperanza. Y tu fe, tu presencia, tu valentía pueden ser el instrumento exacto que Dios use para hablarles.

No subestimes lo que Dios puede hacer a través de ti en los espacios cotidianos del servicio.

Dios Prepara en Lugares Ocultos

Antes de que David fuera rey, fue pastor. Antes de que Moisés fuera profeta, fue un fugitivo. Antes de que Ester fuera reina, fue huérfana. Antes de que Jesús comenzara Su ministerio público, pasó 30 años en la oscuridad. El ejército puede ser tu "desierto," tu "campo de entrenamiento," tu "temporada oculta." Pero no confundas el anonimato con la irrelevancia. Dios a menudo hace Su mejor obra cuando nadie más está mirando.

- Es en el fuego donde se refina el oro.
- Es en el desierto donde se forma el carácter.

- Es en el silencio donde Dios habla con mayor fuerza.

Si te sientes ignorado, incomprendido o incierto sobre el futuro, cobra ánimo. Puede que Dios te esté preparando para algo más grande de lo que puedes comprender. No estás siendo olvidado—estás siendo forjado.

Llamados a Servir, No a Conformarse

Una de las mayores mentiras que puedes creer es que tu fe debe limitarse al ámbito "religioso." Que si realmente quieres servir a Dios, debes convertirte en pastor, misionero o teólogo. Eso simplemente no es verdad. Las Escrituras están llenas de ejemplos de personas que sirvieron a Dios fuera del templo:

- Nehemías fue copero—y se convirtió en restaurador de ciudades.
- Daniel fue un funcionario del gobierno—que influyó en reyes.
- Lidia fue una mujer de negocios—que abrió su casa a la iglesia primitiva.
- El centurión fue un soldado romano—cuya fe asombró a Jesús.

Dios no llama a todos a dejar lo "secular" por lo "espiritual." A veces, te envía al mundo secular para que lo espiritual se revele allí. El ejército no está fuera del alcance de Dios—puede estar en el centro mismo de Su misión para tu vida.

Si Dios Está Llamando, ¿Responderás?

Tal vez estás parado donde yo estuve una vez: joven, incierto, sin saber si Dios podría usar alguna vez a alguien como tú.

Estoy aquí para decirte que sí puede. Sí lo hace. Y sí lo hará—si tú se lo permites.

Quizá el servicio militar sea solo un peldaño. Tal vez sea un campo de entrenamiento. O quizás es el mismo campo de batalla donde tu llamado cobrará vida. De cualquier forma, no está fuera de la jurisdicción de Dios.

Puede ser exactamente el lugar donde Él planea encontrarte, moldearte y enviarte con un mensaje que solo tú puedes entregar. No descartes la posibilidad de que el plan de Dios para tu vida incluya botas, camuflaje y el llamado a servir.

Palabras Finales para el Lector

Si has leído hasta aquí, tal vez algo muy dentro de ti está despertando. Talvez sientes el llamado a servir—no solo a tu país, sino a tu Dios. Quizá te preguntas si este capítulo de tu vida podría formar parte de Su historia. Esto es lo que quiero que recuerdes:

- El plan de Dios no está limitado por la geografía, la carrera ni las circunstancias.
- Él puede usar un uniforme con el mismo poder que una túnica.
- Puede hablar a través de órdenes y juramentos con la misma claridad con la que habla a través de las Escrituras.
- Y puede tomar a alguien que se siente no calificado y levantarlo para influenciar naciones.

Mi camino por el ejército no fue solo acerca de servir—fue acerca de rendirme. Y en esa rendición, encontré un llamado. Encontré un propósito. Encontré a Dios.

Quizá también te está llamando a ti—no solo a vestir un uniforme, sino a ser un guerrero de luz en un mundo que desesperadamente necesita esperanza.

¿Responderás tú?

CAPÍTULO 5

¿Matar o No Matar... Esa es la Cuestión

EL ACTO DE QUITAR UNA VIDA plantea profundas preguntas teológicas, morales y éticas, especialmente para los creyentes que sirven en el ejército. La tensión entre el mandamiento de Dios—"No matarás" (Éxodo 20:13)—y las realidades de la guerra obliga a los cristianos a luchar con cómo su deber de proteger a otros se alinea con la voluntad divina. Para algunos, este conflicto genera una profunda incertidumbre moral: ¿se puede seguir fielmente a Cristo mientras se porta un arma?

Este capítulo examina esa pregunta al explorar un marco teológico para comprender el acto de matar en las Escrituras, analizando el hebreo de Éxodo 20:13, y distinguiendo entre la ética perfecta de Dios y la ética caída de la humanidad. También considera la oportunidad que tiene el creyente de dar vida, incluso en entornos marcados por la muerte. A lo largo de este análisis, el propósito no es justificar la violencia, sino comprender su peso moral a la luz de la justicia y la misericordia divinas.

Los soldados fieles no deben acercarse a la guerra a la ligera. Pero tampoco deben cargar con una culpa falsa al cumplir con un deber legítimo. Matar o no matar no es simplemente una cuestión de acción física, sino una cuestión de amor, de motivo y de alineación moral con el Dios que valora cada vida humana.

Matar en el Antiguo Testamento: Un Marco Teológico

El acto de quitar una vida humana es una de las preguntas morales más profundas de toda la Escritura. Se sitúa en la intersección entre el mandato divino, la caída humana y la responsabilidad ética. El Antiguo Testamento no evita esta complejidad. Por el contrario, la confronta directamente, entretejiendo narrativas de guerra, justicia y misericordia de una manera que tanto impacta como instruye al lector moderno. Al examinarlo detenidamente, se hace evidente que el Dios del Antiguo Testamento no glorifica la violencia ni ignora su necesidad dentro de un mundo caído. Más bien, la limita, la contextualiza y la redime mediante la justicia.

En el centro de esta tensión moral se encuentra el sexto mandamiento: *"No matarás"* (Éxodo 20:13, RVR1960). Para muchos creyentes, este versículo se ha convertido en el argumento fundamental contra la participación cristiana en la guerra o cualquier acto de fuerza letal. Sin embargo, el hebreo original arroja luz crucial sobre su significado y alcance. El mandamiento utiliza la palabra רָצַח (ratsaj), que, al estudiarse cuidadosamente, se traduce con mayor precisión como *asesinato*, y no como matar en general. Asesinar implica la *acción intencional, ilegal o vengativa* de quitar la vida a un inocente. El hebreo antiguo tenía otras palabras para matar en general—como הָרַג (harag), que significa "matar", o שָׁחַט (shaját), "degollar". La elección de *ratsaj* fue deliberada, para distinguir el asesinato moralmente injustificable de los actos permitidos bajo autoridad divina.

Este matiz muestra que el mandamiento no era una prohibición absoluta contra todo acto de matar, sino una salvaguarda contra la profanación de la vida humana. El sistema teocrático de Israel incluía ocasiones legítimas en las que el uso de fuerza letal estaba autorizado: ejecución judicial (Deut. 19:11–13), defensa nacional (Deut. 20) y guerras ordenadas por Dios. Estos no eran actos arbitrarios de agresión, sino expresiones de justicia divina contra una maldad profunda. De hecho, la Torá incluye directrices extensas para restringir la violencia y proteger tanto a los inocentes como al entorno, incluso en tiempos de guerra.

Deuteronomio 20, por ejemplo, establece una teología de la moderación. Antes de atacar una ciudad, Israel debía ofrecer primero la paz (v.10). Incluso cuando la guerra se volvía inevitable, se les ordenaba no destruir los árboles frutales (v.19–20), simbolizando la preocupación de Dios por la provisión continua de vida. La ética militar del Israel antiguo reflejaba así el control soberano de Dios sobre la violencia—nunca era impulsiva o vengativa, sino judicial y medida.

El erudito del Antiguo Testamento, Walter C. Kaiser Jr., señala que estos mandamientos divinos no revelan una inconsistencia moral, sino una coherencia moral dentro del contexto del pacto: "La soberanía de Dios sobre la vida y la muerte subraya su derecho a ejecutar juicio a través de agentes humanos cuando sirve a sus propósitos redentores."[1] En otras palabras, cuando Dios autoriza el juicio, lo hace no como un tirano cósmico, sino como el soberano legítimo de la creación, restaurando el orden moral en un mundo corrompido.

Desde esta perspectiva, matar se convierte en un asunto teológico, no solo moral. Nunca es prerrogativa de la humanidad decidir quién vive o muere; esa autoridad pertenece solo a Dios. Cuando Él la delega—ya sea a través del Estado o mediante misiones divinamente ordenadas— permanece limitada por la justicia divina. Las guerras de Israel no se libraban por conquista o gloria, sino como instrumentos de preservación del pacto. Funcionaban como medio para proteger al pueblo elegido, a través del cual llegaría un día la promesa de redención.

Este marco ayuda a los creyentes modernos a entender que la Biblia no aprueba la violencia de manera indiscriminada, sino que la sitúa dentro de la gran narrativa de la justicia divina. Los actos de juicio de Dios—ya sea el diluvio en Génesis, las plagas de Egipto o la conquista de Canaán—

---

[1] Walter C. Kaiser Jr., *Toward Old Testament Ethics* (Grand Rapids, MI: Zondervan, 1983), 75.

emanaban de su santidad, no de la crueldad. La rebelión persistente de la humanidad requería corrección divina; de lo contrario, la maldad continuaría sin freno.

John Goldingay explica bien esta tensión: "La paradoja entre la justicia y la misericordia de Dios no está en contradicción, sino en la fidelidad del pacto—Él permite la destrucción solo para preservar la vida."[2] La ira de Dios en las Escrituras siempre surge de la demanda del amor por la justicia. Su justicia sirve para restaurar, no para aniquilar. Incluso en el juicio, Él hace provisión para la misericordia, como se ve en el caso de la familia de Rahab, a quienes salvó en medio de la destrucción de Jericó (Jos. 6:25).

La pregunta ética para el creyente, por lo tanto, no es si matar ha sido alguna vez permitido, sino bajo qué circunstancias puede alinearse con la intención divina. La Escritura sugiere dos principios guía. Primero, la intención: matar se convierte en pecado cuando está motivado por el odio, la codicia o la venganza. Segundo, la autoridad: el uso legítimo de la fuerza letal requiere autorización divina o civil apropiada. Los profetas hebreos advirtieron constantemente a Israel que, cuando sus reyes utilizaban la violencia por ambición personal, atraían juicio sobre sí mismos (cf. 2 Sam. 12:9–10; Amós 1–2). Así, el permiso de Dios para matar es siempre condicional—anclado en la justicia, limitado por la misericordia y ejecutado bajo la soberanía divina.

Cuando se lee a la luz de la teología del pacto, el Antiguo Testamento presenta a un guerrero divino no como una fuerza bruta, sino como un defensor justo. Dios mismo es llamado "varón de guerra" (Éxodo 15:3), pero sus batallas están dirigidas a establecer la paz y la justicia. Sus guerras son redentoras, no vengativas. Incluso sus órdenes respecto a la conquista de Israel sirven como actos de purificación para proteger la historia de salvación que culminaría en Cristo.

Para los creyentes militares modernos, este fundamento teológico ofrece tanto consuelo como advertencia. Consuelo, porque afirma que el servicio bajo autoridad legítima puede coexistir con la fe en un Dios justo.

---

[2] John Goldingay, Old Testament Theology, Volume 3: Israel's Life (Downers Grove, IL: InterVarsity Press, 2009), 234.

Advertencia, porque recuerda que todo uso de la fuerza conlleva un peso moral y debe reflejar la justicia de Dios, no nuestra ira. El guerrero creyente permanece en esta tensión—llamado a actuar con valentía, pero gobernado por la conciencia.

A lo largo de la historia, los soldados de fe han luchado con este mismo dilema. El salmista David, él mismo un rey guerrero, clamaba con frecuencia por guía divina antes de entrar en batalla. En el Salmo 144, llama a Dios su "entrenador de manos para la guerra", reconociendo su dependencia del Señor incluso para la destreza militar. Sin embargo, en el Salmo 51, confiesa el peso moral del derramamiento de sangre, suplicando por un corazón limpio. La vida de David encarna la paradoja de la guerra justa: valor arraigado en humildad, fuerza templada por el arrepentimiento.

La guerra moderna ha cambiado su tecnología, pero no su esencia moral. Las herramientas pueden ser digitales o nucleares, pero la pregunta sigue siendo antigua: ¿puede un creyente quitar la vida sin perder el alma? El Antiguo Testamento responde con realismo y reverencia: sí—si se hace bajo principios divinos, con causa justa y en búsqueda de la paz, no de la conquista.

Para el guerrero creyente, este marco teológico reafirma que el servicio militar, bien entendido, no es una rebelión contra el mandamiento de Dios, sino una alineación con Su justicia. El soldado cristiano no glorifica la violencia, sino que la disciplina, convirtiendo la fuerza en mayordomía. Como en la historia de Israel, los fieles con uniforme no sirven por gloria personal, sino para proteger la vida, restaurar el orden y reflejar el carácter santo de Aquel que tiene el poder sobre la vida y la muerte.

"No Matarás": Un Enfoque Exegético

Pocos versículos en las Escrituras han generado más debate moral que Éxodo 20:13: "No matarás". En hebreo, el mandamiento consiste en solo dos palabras—לֹא תִרְצָח (lo' tirtsach)—pero estas sílabas cargan con siglos de peso ético. Para los creyentes en el ámbito militar, este mandamiento reposa como una piedra en la conciencia: ¿cómo puede uno vestir el uniforme de una nación autorizada para usar fuerza letal y aun así honrar la ley de Dios que prohíbe matar? Para responder fielmente a esa pregunta, es necesario mirar más allá de la traducción superficial hacia la profundidad del significado hebreo, el contexto histórico y la intención teológica.

El Término Hebreo "Ratsach" — Una Prohibición Específica

La palabra ratsach aparece unas cuarenta y siete veces en la Biblia hebrea, y su uso revela una distinción crítica. Consistentemente se refiere a asesinato—la toma de vida de manera ilegal, premeditada o maliciosa—no a todo tipo de muerte en general. El antiguo Israel, como toda sociedad funcional, reconocía situaciones donde quitar la vida era permisible o incluso ordenado bajo la ley divina: la ejecución de asesinos (Gén. 9:6; Núm. 35:16–21), guerras autorizadas por Dios (Deut. 20), y la defensa propia (Éxodo 22:2). Así, el Sexto Mandamiento no es una prohibición absoluta del acto de matar; es una barrera moral contra la violencia injusta.

Los lectores modernos a menudo confunden "matar" con "asesinar", pero en hebreo, la distinción es decisiva. Harag y nakah son verbos más amplios usados para matar en guerra, accidente o incluso sacrificios de animales. Ratsach, sin embargo, conlleva matices legales y éticos—es una ofensa moral, no solo un acto físico. La intención detrás de la acción determina su clasificación. El asesinato está motivado por odio, venganza o ganancia; matar bajo autoridad divina o legal puede ser un acto de justicia.

Los antiguos rabinos reforzaban esta distinción. En el Talmud (Sanedrín 57a), explican que ratsach condena la "culpabilidad de sangre" entre individuos, no la ejecución judicial o en tiempos de guerra. El mandamiento fue dado para preservar la santidad de la vida, no para paralizar la justicia. La ley de Dios equilibra la prohibición con la protección—protege tanto a la víctima como al vengador justo.

Contexto dentro del Decálogo

El Sexto Mandamiento se encuentra dentro de la segunda tabla del Decálogo, que rige las relaciones humanas. Sigue a las prohibiciones contra la idolatría, la blasfemia y el deshonrar a los padres, lo que implica que el respeto por la vida fluye del temor a Dios. Violar este mandamiento es atacar la imagen misma de Dios (Gén. 9:6). Sin embargo, la brevedad del mandamiento—solo dos palabras—invita a la interpretación. ¿Por qué tanta simplicidad? Porque funciona como un ancla moral universal: toda vida humana es sagrada, pero toda justicia pertenece a Dios.

En la sociedad pactal de Israel, este mandamiento no estaba aislado, sino integrado en un sistema jurídico complejo que incluía ciudades de refugio (Núm. 35:9–34). Estos santuarios protegían a quienes mataban sin intención, reconociendo tanto la falibilidad humana como la misericordia divina. Incluso en casos de muerte justificada, la ley requería rituales de purificación (Deut. 21:1–9), simbolizando que quitar una vida—aun de forma lícita—seguía siendo un acto solemne ante Dios. El mensaje era claro: la vida humana puede, en ocasiones, necesitar ser tomada, pero jamás debe ser tratada a la ligera.

Una Lectura Teológica de Éxodo 20:13

Para interpretar *lo' tirtsach* correctamente, debe hacerse a través de la naturaleza moral de Dios. Dios es el dador y sustentador de la vida (Deut. 32:39). Su mandamiento contra el asesinato revela Su deseo de una sociedad marcada por la justicia, no por la venganza. Esta prohibición sostiene tres verdades teológicas fundamentales:

1. *La vida es sagrada* porque la humanidad lleva la imagen de Dios.
2. *La justicia es divina,* no humana; debe reflejar el carácter de Dios.
3. *La violencia está restringida,* nunca glorificada, dentro del orden moral de Dios.

El mandamiento de Dios no es meramente legal—es relacional. Llama a Su pueblo a reflejar Su santidad en su trato con los demás. Incluso cuando Dios autoriza a Israel a ir a la guerra, regula su conducta para preservar el orden moral. En Deuteronomio 20, los soldados son eximidos si están recién casados, comprometidos o tienen miedo, demostrando compasión divina incluso en medio del conflicto.

Como observa Walter C. Kaiser Jr., "El propósito del Sexto Mandamiento no era el pacifismo, sino la protección. Se erige como salvaguarda de la santidad de la vida frente al caos de la agresión humana."[3] Esta distinción significa que el guerrero creyente puede honrar este mandamiento incluso mientras porta armas, siempre que sus acciones emanen de la obediencia y no del odio.

Del Sinaí a la Cruz: Continuidad y Cumplimiento

Jesús no abolió el mandamiento; lo profundizó. En el Sermón del Monte, declara: "Oísteis que fue dicho a los antiguos: 'No matarás'… pero yo os digo que todo aquel que se enoje contra su hermano será culpable de juicio" (Mat. 5:21–22). Cristo mueve la discusión del comportamiento a la motivación. El campo de batalla moral se traslada del acto externo de matar al acto interno de odiar.

Al hacer esto, Jesús recupera el espíritu original del mandamiento: la preservación de la vida a través del amor. El creyente es llamado no solo a evitar el asesinato físico, sino a arrancar de raíz las semillas de violencia en el corazón—resentimiento, prejuicio y rencor. Sin embargo, esta transformación interna no niega la necesidad de justicia. Cuando Jesús elogió la fe del centurión romano (Mat. 8:5–13), no le exigió que dejara el servicio militar. La fe del centurión coexistía con su deber.

Donald B. Kraybill captura esta paradoja en El Reino al Revés: "La ética radical del amor de Jesús revierte la venganza, pero no elimina la responsabilidad. El amor enfrenta al mal no retirándose, sino comprometiéndose con valentía."[4]

---

[3] Walter C. Kaiser Jr., Toward Old Testament Ethics (Grand Rapids, MI: Zondervan, 1983), 75.
[4] Donald B. Kraybill, The Upside-Down Kingdom (Scottdale, PA: Herald Press, 2003), 56.

Para el creyente con uniforme, esto significa que seguir a Cristo implica tanto compasión como valentía. El mandamiento prohíbe el odio, no la defensa; la venganza, no la justicia. Amar al enemigo no significa permitir que los inocentes mueran—significa actuar sin odio, incluso cuando se requiere el uso de la fuerza.

Asesinato, Justicia y el Imago Dei

Toda reflexión ética sobre quitar la vida debe comenzar con el imago Dei—la verdad de que la humanidad refleja la imagen de Dios. Génesis 9:6 fundamenta la prohibición del asesinato en esta realidad: "El que derrame sangre de hombre, por el hombre su sangre será derramada; porque a imagen de Dios es hecho el hombre." Aquí, la justicia divina es tanto protectora como punitiva. Defiende la santidad de la vida delegando autoridad a agentes humanos para frenar el mal.

En este sentido, el Sexto Mandamiento no niega la legitimidad de la justicia civil; la afirma. Dios confía a las autoridades gobernantes el mantener el orden mediante la coerción medida. Esta teología aparece más adelante en la enseñanza de Pablo en Romanos 13:1–4, donde el Estado "no lleva la espada en vano." La espada, instrumento de fuerza letal, se convierte en símbolo de autoridad legítima, no de crueldad.

Aun así, el reto del creyente permanece: distinguir entre la autoridad justa y la agresión pecaminosa. A lo largo de las Escrituras, el pueblo de Dios es llamado a discernir la diferencia entre la justicia sancionada divinamente y la violencia egoísta. El profeta Miqueas resume la expectativa divina con claridad: "Hacer justicia, amar misericordia y humillarte ante tu Dios" (Miq. 6:8). Un soldado que lleva este trío en su corazón sirve no solo a su nación, sino a su Creador.

Paralelismos Exegéticos en Códigos de Leyes Antiguas

La prohibición hebrea contra el asesinato no surgió en el vacío. Otros códigos legales del Antiguo Cercano Oriente, como el Código de Hammurabi, también abordaban el homicidio, pero lo fundamentaban en la retribución humana, no en la santidad divina. La ley de Israel, por el contrario, ubica la moralidad en el carácter de Dios, no en la conveniencia social. El Sexto Mandamiento refleja una ética teocéntrica: la vida es sagrada porque pertenece a Dios, no porque la sociedad la considere útil.

Este fundamento teológico distingue la ética bíblica de la ética humanista. En los sistemas humanos, la moralidad evoluciona con las circunstancias; en la ley divina, fluye de la naturaleza inmutable de Dios. Así, cuando los creyentes luchan con dilemas morales—como el de quitar la vida en guerra—no se guían por emociones ni por la opinión mayoritaria, sino por la revelación.

Aquí radica el corazón del realismo bíblico: la ley de Dios reconoce la violencia humana pero establece límites para transformarla en justicia. El propósito del mandamiento no es crear una nación pacifista, sino una nación santa—un pueblo que refrene su poder bajo la autoridad divina.

Implicaciones Prácticas para Creyentes con Uniforme

Para los cristianos que sirven en las fuerzas armadas, esta claridad exegética trae tanto consuelo como responsabilidad. Afirma que el servicio legal no viola la ley de Dios cuando se realiza bajo autoridad justa y con intención recta. Pero también exige introspección. Todo creyente debe examinar su motivo y conciencia delante de Dios. El uniforme no absuelve de la responsabilidad moral—la magnifica.

Cuando un soldado actúa bajo órdenes coherentes con la justicia, participa en la gracia restrictiva de Dios contra el mal. Pero cuando actúa por odio o venganza, cruza de un servicio divino a un pecado personal. Por tanto, la obediencia del guerrero creyente debe ser siempre filtrada por el doble lente de las Escrituras y la conciencia.

El campo de batalla puede insensibilizar, pero el Espíritu humaniza. En momentos de conflicto, el soldado cristiano recuerda que incluso el enemigo lleva la imagen de Dios. El objetivo no es la destrucción por sí misma, sino la protección de la vida, la restauración de la paz y la defensa de los inocentes. Como argumentó Reinhold Niebuhr: "La falta de disposición para resistir el mal con fuerza puede ser sentimentalismo moral más que sensibilidad moral."[5] El guerrero creyente, por tanto, debe caminar sobre el filo de la navaja entre la justicia y la compasión, el coraje y la moderación.

Para El Guerrero Creyente, el Sexto Mandamiento no es una barrera para el servicio militar sino un plano para la integridad dentro de él. El término hebreo ratsach advierte contra el asesinato ilegal, no contra la defensa legal. Llama a los creyentes con uniforme a considerar la vida como sagrada incluso mientras portan herramientas de guerra. El soldado cristiano encarna una paradoja: armado pero misericordioso, disciplinado pero compasivo, feroz en la defensa pero tierno en espíritu.

Al honrar este mandamiento, el creyente refleja el corazón moral de Dios: un guerrero que lucha solo para proteger, un siervo que porta la espada solo para mantener la paz. "No matarás" significa actuar siempre desde el amor, incluso cuando el deber exige fuerza. En esto, el guerrero creyente no está en contradicción con la Escritura, sino en cumplimiento de ella—un agente de justicia en un mundo caído, guiado por la conciencia, anclado en la gracia, y responsable ante el Comandante de los ejércitos celestiales.

El Nuevo Testamento: Un Llamado a la Paz

El Nuevo Testamento traslada la conversación moral de la ley al amor, de la obediencia externa a la transformación interna. Cuando Jesús de Nazaret ascendió las colinas de Galilea y abrió Su boca para enseñar, hizo más que interpretar la Torá: la cumplió (Mateo 5:17). Sus palabras reorientaron la brújula moral de los fieles, apuntando más allá de la letra de la ley hacia su intención divina: reconciliación, misericordia y paz.

Para el guerrero creyente, el Nuevo Testamento representa tanto consuelo como desafío. Consuelo, porque revela a un Salvador que entiende el costo de la violencia; desafío, porque llama a Sus seguidores a encarnar la paz en un mundo violento. El Sermón del Monte—quizás el discurso más citado y malinterpretado en la ética cristiana—es el punto

---

[5] Reinhold Niebuhr, *Moral Man and Immoral Society: A Study in Ethics and Politics* (New York: Charles Scribner's Sons, 1932), 189.

central de esta tensión. Ordena a los creyentes volver la otra mejilla, amar a sus enemigos y bendecir a quienes los persiguen. Pero, ¿cómo pueden vivirse estos ideales en alguien que ha jurado defender a otros, incluso al costo de su vida?

Jesús y la Ética de la Paz

En el corazón de la enseñanza de Jesús está el Reino de Dios—un nuevo orden irrumpiendo en el viejo. En este Reino, la venganza es reemplazada por el perdón, y el poder se redefine como servicio. Las bienaventuranzas anuncian esta inversión: "Bienaventurados los pacificadores, porque ellos serán llamados hijos de Dios" (Mateo 5:9, RVR1960). El término eirēnopoioi (pacificadores) describe a quienes activamente cultivan la reconciliación, no a quienes evitan el conflicto. La paz, en el vocabulario de Jesús, no es la ausencia pasiva de guerra, sino la presencia activa de justicia.

Sin embargo, la paz de Cristo tiene un alto precio. Exige abnegación, humildad y valentía moral. Jesús mismo vivió esta paradoja—vino a traer paz, pero declaró: "No penséis que he venido para traer paz a la tierra; no he venido para traer paz, sino espada" (Mateo 10:34, RVR1960). Esta "espada" no es un llamado literal a las armas, sino una metáfora de división—la tensión inevitable que surge cuando la verdad divina confronta la rebelión humana. El Evangelio de la paz es, en sí mismo, una especie de guerra contra la falsedad, la hipocresía y el pecado.

En el enfrentamiento de Jesús con el mal, encontramos un patrón divino para la acción humana: moderación en el motivo, rectitud en el propósito y sacrificio en el método. Su negativa a tomar represalias en el momento de Su arresto (Mateo 26:52-54) no fue debilidad, sino obediencia; entregó Su vida para lograr la redención, no porque resistir fuera inmoral, sino porque someterse era necesario para la salvación.

La Teología de Pablo sobre el Gobierno y la Justicia

Si los Evangelios revelan el corazón de la paz divina, las epístolas de

Pablo articulan su estructura dentro de la sociedad humana. Romanos 13:1-4 ofrece el marco más explícito del Nuevo Testamento para comprender la legitimidad moral de la autoridad gubernamental: «No hay autoridad que no provenga de Dios, y las que existen han sido establecidas por Él... pues es servidor de Dios, vengador para castigar al que hace lo malo.» El apóstol no glorifica la violencia; dignifica la autoridad legal como herramienta del orden divino.

Este pasaje, a menudo malinterpretado, no exime a los gobernantes de rendir cuentas. Establece que su autoridad es delegada, no autónoma. Cuando los gobiernos utilizan la fuerza para contener el mal, sirven a la justicia de Dios; cuando abusan del poder, se exponen a Su juicio. Para el soldado cristiano, esta distinción es crítica. La obediencia a la autoridad sigue siendo una virtud—pero no una obediencia ciega. El creyente debe discernir cuándo las órdenes se alinean con la justicia y cuándo cruzan el límite hacia el pecado.

El realismo de Pablo reconoce la necesidad del poder coercitivo en un mundo caído. La depravación humana exige sistemas de contención. En ese sentido, la espada del soldado funciona como un instrumento de misericordia divina, no de venganza—protege al inocente de una violencia mayor. Este principio forma la base de la tradición de la "guerra justa", desarrollada por teólogos tempranos como Agustín y luego refinada por Tomás de Aquino. Ambos argumentaron que la guerra, aunque trágica, puede justificarse moralmente cuando cumple ciertas condiciones: autoridad legítima, causa justa, intención recta y medios proporcionales.

Reinhold Niebuhr retomó esta tensión en el siglo XX, describiéndola como realismo cristiano. Escribió: «La falta de voluntad para usar la fuerza para restringir el mal en nombre del amor puede convertirse en una traición al amor mismo.»[6]

El realismo de Niebuhr no celebra la violencia—la reconoce como una herramienta necesaria en un mundo marcado por el pecado. La paz sin justicia, argumenta, no es paz, sino rendición ante el mal.

---

[6] Reinhold Niebuhr, *Moral Man and Immoral Society: A Study in Ethics and Politics* (New York: Charles Scribner's Sons, 1932), 189.

El Ejemplo Apostólico de Servicio y Sacrificio

El Nuevo Testamento no contiene ninguna condena directa a los soldados ni al servicio militar. Por el contrario, los soldados aparecen en la narrativa evangélica como individuos capaces de fe, integridad y conversión. El centurión romano en Capernaúm (Mateo 8:5–13) es elogiado por Jesús por su fe, no reprendido por su profesión. Otro centurión, Cornelio, se convierte en el primer gentil convertido en Hechos 10—un hombre descrito como "piadoso y temeroso de Dios". A ninguno se le dice que abandone su deber.

Estos ejemplos sugieren que el problema moral no radica en la profesión de armas, sino en el corazón detrás de la acción. El Nuevo Testamento reconoce que, incluso dentro de un sistema corrupto, los individuos pueden servir con rectitud. Los soldados del primer siglo ocupaban un espacio social complejo—agentes de la autoridad romana, pero a menudo despreciados por la población judía oprimida. Aun así, las Escrituras los presentan como personas capaces de fe, generosidad y obediencia a Dios.

Cuando Juan el Bautista predicó el arrepentimiento a las multitudes, los soldados le preguntaron: "¿Y nosotros, qué haremos?" Su respuesta fue clara: "No extorsionen a nadie, ni hagan denuncias falsas; y conténtense con su salario" (Lucas 3:14, NVI). Observa lo que Juan no dijo: no les ordenó dejar el ejército. En cambio, los llamó a vivir con integridad moral dentro de su vocación.

Esta instrucción captura la esencia de la vocación cristiana en la esfera pública: no retirarse, sino transformar. El llamado del creyente no es escapar del mundo, sino dar testimonio dentro de él. Ya sea sacerdote o piloto, capellán o infante, cada discípulo sirve al mismo Maestro y debe llevar la misma ética en forma de cruz a su vocación.

La Paradoja de la Paz a Través del Sacrificio

La presentación neotestamentaria de la paz alcanza su clímax en la crucifixión. La cruz es el acto definitivo de no violencia divina y el evento más violento en la historia. Dios absorbe la agresión humana sin represalias, transformando la muerte en redención. Aquí yace la paradoja: la paz no se logra evitando el conflicto, sino confrontando el mal con amor sacrificial.

Por eso la teología cristiana puede afirmar la legitimidad de la fuerza protectora mientras condena la venganza. El objetivo no es la destrucción sino la restauración. El creyente que defiende a otros participa—imperfectamente pero con sentido—en la justicia redentora de Dios. Cada acto de defensa arraigado en el amor hace eco de la iniciativa divina de proteger la creación del caos.

En este sentido, la paz no es una tranquilidad frágil, sino un orden redimido. La palabra griega eirēnē (paz) proviene de eirō, que significa "unir o enlazar". La paz, entonces, es integridad relacional—la reunificación de lo que el pecado ha desgarrado. El soldado cristiano, guiado por la rectitud, se convierte en un agente de esta restauración, uniendo naciones, protegiendo vidas y preservando el tejido moral de la sociedad.

Jesús y la Espada: Una Comprensión Equilibrada

Los relatos evangélicos registran dos momentos aparentemente contradictorios que involucran espadas. En Lucas 22:36, Jesús instruye a sus discípulos: "El que no tenga espada, que venda su manto y compre una." Sin embargo, momentos después, cuando Pedro usa esa espada para defenderlo, Jesús le ordena: "Vuelve tu espada a su lugar. Porque todos los que tomen espada, a espada perecerán" (Mateo 26:52, RVR).

¿Cómo pueden ser verdaderas ambas declaraciones? La respuesta está en el contexto. La orden de Jesús de armarse era simbólica—un llamado a estar espiritualmente preparados ante la persecución venidera. La espada representa vigilancia, no agresión. El error de Pedro no fue portar la espada, sino usarla mal. Peleó una batalla espiritual con medios carnales, tratando de impedir una crucifixión que traería salvación.

El principio para el creyente es atemporal: poseer no es permiso. Tener la capacidad para la violencia no justifica su uso fuera del propósito divino. El soldado cristiano debe, por tanto, dominar tanto la moderación como la preparación. Su arma no es una extensión de la ira, sino de la responsabilidad—una herramienta de justicia manejada bajo autoridad, no bajo emoción.

El Rol de la Conciencia y el Llamado

El apóstol Pablo escribe: "Cada uno permanezca en la vocación en que fue llamado" (1 Cor. 7:20, RVR). Para algunos creyentes, esa vocación puede ser, efectivamente, el servicio militar. La conciencia se convierte en la brújula moral del discernimiento. El marco de Pablo en Romanos 14 afirma que los creyentes pueden tener convicciones diferentes respecto a asuntos debatibles, siempre que cada uno actúe "para el Señor".

Para el pacifista, la fidelidad puede significar negarse a portar armas; para el guerrero, puede significar portarlas con responsabilidad. Ambos deben actuar desde la convicción, no desde la conveniencia. El peligro no está en el desacuerdo, sino en el juicio—condenar la obediencia de otro si difiere de la propia.

Este equilibrio honra la diversidad de llamados dentro del Cuerpo de Cristo. No todos son llamados a luchar, pero todos son llamados a amar. El creyente en uniforme debe ver su deber no como contradicción, sino como comisión—para proteger a los débiles, defender la justicia y modelar la virtud en medio del caos.

La Paz Cristiana en un Mundo Violento

Miroslav Volf, en Exclusión y abrazo, nos recuerda que la paz cristiana no se alcanza por el aislamiento, sino mediante la inclusión radical: "La paz requiere el abrazo del otro—no el retiro del mundo, sino la reconciliación dentro de él."[7] Esta teología del abrazo transforma nuestra comprensión del conflicto. "Hacer la paz" no significa tolerar la injusticia, sino restaurar relaciones rotas mediante el amor, incluso cuando nos

---

[7] Miroslav Volf, *Exclusion and Embrace: A Theological Exploration of Identity, Otherness, and Reconciliation* (Nashville, TN: Abingdon Press, 1996), 117.

cuesta mucho.

En un contexto militar, esa paz puede tomar la forma de disciplina bajo fuego, misericordia hacia los enemigos e integridad bajo presión. Cada acto de moderación, cada decisión de perdonar en lugar de destruir, cada misión humanitaria llevada a cabo en regiones devastadas por la guerra, da testimonio del amor reconciliador de Cristo. El guerrero creyente se convierte en una presencia paradójica: alguien que porta instrumentos de guerra pero encarna el espíritu de paz.

Esta es la esencia del servicio cristiano: luchar no por dominio, sino por dignidad; no por conquista, sino por compasión. Cuando la violencia se vuelve necesaria, no se celebra, se lamenta. El soldado llora por lo que debe hacer, pero encuentra consuelo al saber que lucha para preservar la paz que otros no pueden defender por sí mismos.

Para El Guerrero Creyente, el llamado del Nuevo Testamento a la paz no es un rechazo al servicio, sino su redención. El mandamiento de Cristo de amar a los enemigos se convierte en el latido del corazón del cristiano en uniforme, transformando cada misión en un ministerio de protección y pacificación. El guerrero creyente no se presenta como una contradicción del Evangelio, sino como su encarnación en los escenarios más duros de la vida—un testimonio viviente de que la paz divina no es ausencia de conflicto, sino presencia de justicia en medio de él.

La cruz nos recuerda que el costo de la paz es el sacrificio. Y el soldado que sirve con fe, humildad y claridad moral refleja la naturaleza misma de Aquel que dio su vida para reconciliar el cielo y la tierra. Matar nunca debe ser deseado—pero defender, proteger y preservar la vida puede ser un acto de adoración cuando se hace bajo la autoridad y el amor de Dios.

La Ética de Dios vs. La Ética Humana

Si hay una sola distinción que define la moral divina frente a la moral humana, es esta: la ética de Dios fluye del amor perfecto y de la justicia omnisciente, mientras que la ética humana surge de una comprensión parcial y de una naturaleza caída. La diferencia no es simplemente de grado, sino categórica. La ética humana es finita, reactiva y centrada en el interés propio. La ética de Dios es infinita, proactiva y está fundamentada en la sabiduría eterna.

Para el creyente guerrero, entender esta diferencia no es un lujo filosófico: es una necesidad moral. Cada disparo ejecutado, cada orden obedecida, cada vida salvada o perdida debe filtrarse, en última instancia, a través de la diferencia entre la voluntad divina y el impulso humano.

Justicia Divina: Un Reflejo del Carácter de Dios

El punto de partida para comprender la ética divina radica en el propio carácter de Dios. La Escritura afirma repetidamente que "todas sus obras son justas; es un Dios fiel, sin injusticia; justo y recto es Él" (Deuteronomio 32:4, RVR). La justicia de Dios no es un aspecto secundario de su ser, sino una extensión de su santidad. Todo lo que Él ordena procede de una pureza moral perfecta, no manchada por las ambiciones egoístas que contaminan el juicio humano.

Esta perfección es lo que permite a Dios ejecutar juicio sin contradicción. Cuando Él juzga, no se limita a equilibrar balanzas; restaura la armonía en una creación perturbada. Su justicia es restauradora, no meramente retributiva. El teólogo John Goldingay resalta este equilibrio divino: "La justicia de Dios funciona como guardiana de la vida. No es el destructor sino el restaurador del orden moral".[8] En otras palabras, la justicia divina siempre sirve a la preservación de la creación, incluso cuando implica la destrucción de la maldad.

Los humanos, en contraste, están atados a su perspectiva. Nuestra justicia —por noble que sea— está limitada por el sesgo, la emoción y la necesidad de preservación personal. Vemos "por espejo, oscuramente", como escribió Pablo (1 Corintios 13:12). Juzgamos basándonos en fragmentos de información, influenciados por el miedo o el orgullo. Por eso la Escritura advierte tan enfáticamente contra la venganza: "No tomen venganza, hermanos míos, sino dejen lugar a la ira de Dios, porque escrito está: 'Mía es la venganza; yo pagaré', dice el Señor" (Romanos 12:19,

---

[8] John Goldingay, Old Testament Theology, Volume 3: Israel's Life (Downers Grove, IL: InterVarsity Press, 2009), 234.

NVI). La venganza corrompe porque intenta usurpar lo que solo le pertenece a Dios: su prerrogativa de determinar el bien y el mal sin error alguno.

La estructura ética del Antiguo Testamento refleja esta verdad. Cada ley relacionada con la guerra, el castigo o la purificación presupone que solo Dios es la autoridad moral. A Israel se le prohibía tomar las armas a menos que hubiese una orden explícita por decreto divino (Deuteronomio 20:4). Este principio aseguraba que incluso en contextos de violencia, la brújula moral apuntara al cielo. En el momento en que matar se convierte en un acto de retribución personal, deja de ser justicia divina y se transforma en pecado humano.

Ética Humana: El Peso de la Caída

La ética humana, por otro lado, es el eco trágico del Edén. Desde que Adán y Eva comieron del Árbol del Conocimiento del Bien y del Mal, la humanidad ha reclamado el derecho de definir la moralidad independientemente de Dios. Ese acto de rebelión dio origen al relativismo moral: la creencia de que el bien y el mal pueden determinarse al margen de la revelación divina.

El susurro de la serpiente: "Serán como Dios" (Génesis 3:5) aún resuena en la conciencia moderna y en la cultura contemporánea. Esta ética autorreferencial ha producido tanto confusión como contradicción moral. Los humanos anhelan justicia pero resisten la autoridad de Aquel que la define. Nuestras guerras, a menudo, comienzan con orgullo y terminan en dolor, porque luchamos por dominio y no por rectitud.

Y sin embargo, incluso en nuestra fragilidad moral, la imagen de Dios perdura, impulsando a la humanidad hacia la justicia, la misericordia y la verdad. Para el creyente militar, esta tensión es especialmente aguda. El llamado a obedecer órdenes legales debe siempre ser ponderado frente a la lealtad a la ley divina. El nacionalismo ciego no puede reemplazar al discernimiento moral. A lo largo de la historia, soldados han justificado atrocidades bajo la bandera de la obediencia, olvidando que la legalidad no es sinónimo de rectitud.

Para actuar éticamente dentro del marco militar, un cristiano debe discernir no solo lo que está permitido, sino lo que es santo. Precisamente por eso Miroslav Volf argumenta que la ética cristiana debe ser "cruciforme": moldeada por la cruz, no por la conveniencia.[9] La ética de amor abnegado de Cristo expone los límites de la justicia humana. Mientras la humanidad exige pago, Dios ofrece redención. Donde los humanos buscan control, Dios demuestra entrega.

El Problema de la Distancia Moral en la Guerra

La guerra moderna agrava el desafío moral al introducir distancia entre el soldado y el acto. En la antigüedad, el combate era inmediato: las espadas chocaban, las miradas se cruzaban y cada vida tomada era personal. Hoy, la tecnología ha abstraído la muerte en datos y coordenadas. Un misil lanzado desde miles de kilómetros puede borrar vidas invisibles. Este desapego corre el riesgo de adormecer la conciencia, convirtiendo el peso moral en un procedimiento mecánico.

Para el guerrero creyente, la vigilancia moral debe permanecer aguda incluso en el desapego tecnológico. Cuanto más nos alejamos físicamente de quienes son afectados por nuestras acciones, mayor es nuestra responsabilidad de mantener la conciencia espiritual. El soldado cristiano debe recordar que, incluso cuando la justicia requiere el uso de la fuerza letal, cada vida perdida tiene un valor sagrado ante Dios. La insensibilidad moral no es neutralidad: es decadencia.

Aquí vuelve a surgir la tensión entre la ética divina y la humana. Dios nunca pierde de vista a la persona detrás del pecado. Su justicia siempre es relacional; busca sanar lo quebrantado, no simplemente castigar el mal. Los sistemas humanos, sin embargo, a menudo despersonalizan el mal, reduciendo al enemigo a una categoría en lugar de reconocerlo como creación. El cristiano debe resistir este impulso. Todo adversario sigue siendo un alma por la cual Cristo murió. El verdadero enemigo no es carne ni sangre, sino las fuerzas espirituales de maldad que corrompen y

---

[9] Miroslav Volf, Exclusion and Embrace: A Theological Exploration of Identity, Otherness, and Reconciliation (Nashville, TN: Abingdon Press, 1996), 117.

destruyen (Efesios 6:12).

Reconciliando la Ética Divina y la Ética Humana en el Servicio

Cerrar la brecha entre la justicia divina y la responsabilidad humana requiere humildad y oración. El guerrero creyente actúa como un embajador moral, llamado a reflejar los valores celestiales dentro de los sistemas terrenales. La profesión militar—estructurada, jerárquica y orientada a la misión—puede deslizarse fácilmente hacia un absolutismo moral, donde las órdenes reemplazan la conciencia. Pero la Escritura llama a los creyentes a una lealtad superior.

Cuando a Pedro y a los apóstoles se les ordenó guardar silencio sobre Jesús, respondieron: "Es necesario obedecer a Dios antes que a los hombres" (Hechos 5:29). Esto no fue rebeldía, sino fidelidad. En ese mismo espíritu, el cristiano en servicio debe mantener su integridad incluso cuando eso ponga en riesgo su reputación o rango. La obediencia ética no es cumplimiento ciego, sino discernimiento fiel. El código de honor militar, cuando se comprende correctamente, puede armonizarse bellamente con los principios divinos: el valor, la lealtad, el respeto, la integridad y el servicio desinteresado son virtudes enraizadas en la verdad bíblica.

Reinhold Niebuhr enmarca esta paradoja a través del lente del "hombre moral dentro de una sociedad inmoral". Explica que la virtud individual no puede redimir completamente el pecado colectivo, pero debe aún así esforzarse por alcanzarlo.[10] La tarea del creyente, por lo tanto, no es perfeccionar el sistema, sino infundirle luz. El soldado cristiano no puede limpiar la guerra de su horror, pero puede conducirse con honor dentro de ella—dando testimonio del Dios que redime incluso los momentos más oscuros de la humanidad.

Este tipo de realismo moral protege contra la desesperación. Reconoce que, aunque ningún sistema humano logrará la justicia perfecta de Dios, la gracia divina aún puede obrar a través de instrumentos defectuosos. El

---

[10] Reinhold Niebuhr, *Moral Man and Immoral Society: A Study in Ethics and Politics* (New York: Charles Scribner's Sons, 1932), 189.

servicio del soldado se santifica no porque el campo de batalla sea santo, sino porque el corazón del creyente está rendido ante el Santo que lo envía allí.

Cuando Falla la Ética Humana: Una Necesidad de Redención

La historia ofrece trágicos recordatorios de lo que sucede cuando la ética humana opera sin restricciones divinas. Desde las cruzadas hasta los regímenes totalitarios, incontables atrocidades han sido cometidas en nombre de una justicia desligada de la revelación. La brújula moral de la humanidad, desconectada de Dios, inevitablemente apunta hacia adentro en lugar de hacia arriba.

La solución no es abandonar la búsqueda de justicia, sino volver a anclarla en la verdad divina. La ética de Dios no puede mejorarse porque proviene de la omnisciencia. Él conoce no solo la acción, sino también el motivo; no solo el pecado, sino la herida detrás de él. Donde los tribunales humanos solo pueden castigar, la justicia divina puede restaurar.

Para el creyente en uniforme, esto significa ver cada decisión—ya sea en combate o en el mando—a través del lente de la compasión. La justicia y la misericordia no son enemigas; son pilares gemelos de la ética divina. El profeta Miqueas capta esta tensión a la perfección: "Él te ha declarado, oh hombre, lo que es bueno. ¿Y qué pide Jehová de ti? Solamente hacer justicia, y amar misericordia, y humillarte ante tu Dios" (Miqueas 6:8, RVR).

La verdadera justicia, entonces, debe estar siempre templada por la misericordia, porque sin ella, la rectitud se convierte en tiranía. Y la misericordia nunca debe borrar la justicia, o la compasión se vuelve complicidad. El guerrero creyente debe sostener ambas con manos temblorosas, sabiendo que sirve a un Dios que hace lo mismo.

La Ética como Adoración

En última instancia, la ética para el cristiano no se trata simplemente de tomar decisiones: se trata de adoración. Cada elección moral magnifica o disminuye la imagen de Dios dentro de nosotros. Cuando un soldado se niega a deshumanizar a su enemigo, muestra dominio propio bajo presión o protege a inocentes arriesgando su vida, está realizando un acto de adoración. Su obediencia en el campo se vuelve tan sagrada como un himno cantado en un santuario.

Esto transforma la ética militar de una mera obediencia a una consagración. El campo de batalla, con todos sus peligros, se convierte en un altar donde la fe es puesta a prueba y revelada. Es allí donde la teología del soldado se convierte en acción encarnada, donde las palabras sobre el amor y la justicia deben tomar forma bajo el fuego. Cuando un guerrero creyente actúa con justicia y misericordia en medio del caos, predica un sermón silencioso que resuena más fuerte que cualquier palabra.

La Perspectiva Divina sobre la Violencia

La Escritura nos recuerda que el objetivo final de Dios no es la destrucción, sino la redención. Toda la narrativa bíblica se mueve de la violencia hacia la paz: desde la sangre de Abel clamando desde la tierra (Gén. 4:10) hasta las multitudes redimidas cantando: "Digno es el Cordero que fue inmolado" (Apoc. 5:12). La justicia divina comienza en la ira pero culmina en la restauración.

La cruz es la convergencia suprema de estas dos éticas. Allí se encuentran el juicio divino y la misericordia divina. La violencia humana atraviesa el cuerpo de Cristo, pero Dios transforma esa violencia en salvación. El mismo instrumento de muerte se convierte en medio de vida. En esta inversión cósmica, los creyentes encuentran su modelo ético: confrontar el mal no con odio, sino con un valor santo; participar en la justicia sin renunciar a la gracia.

Para el cristiano en uniforme, esto significa llevar la cruz al conflicto— vivir como quien comprende tanto el peso del pecado como la esperanza de la redención. Cada misión, cada deber, cada juramento debe estar impregnado de la conciencia de que la ética divina no se basa en dominar, sino en restaurar.

Para el Guerrero Creyente, entender la diferencia entre la ética de Dios y la ética humana es crucial para servir con fortaleza y santidad. La ética divina le recuerda al soldado que el objetivo último de su deber no es la destrucción, sino la defensa; no es la conquista, sino la compasión. La guerra humana puede quitar la vida, pero el propósito divino puede darle significado.

El creyente que sirve bajo autoridad pero se inclina ante un Rey más alto refleja la paradoja del propio Cristo—obediente hasta la muerte, pero vencedor por medio del amor. La tarea del guerrero cristiano no es erradicar el conflicto, sino redimirlo, ser un puente moral entre la justicia del cielo y la quebrantada realidad de la tierra. Al hacerlo, transforma su uniforme en un símbolo de la misericordia divina, demostrando que incluso en la guerra, la gracia aún puede llevar botas.

La Oportunidad de Dar Vida

Hablar de matar sin hablar de la vida sería una teología incompleta. Para el guerrero creyente, el campo de batalla no es simplemente un lugar donde ocurre la muerte, sino también un lugar donde la vida se preserva, se defiende y, a veces, se restaura milagrosamente. El acto de servir en el ejército suele ser descrito por los ajenos como una ocupación de violencia, pero quienes han llevado el uniforme entienden que, en su nivel más profundo, es una vocación de protección. Servir en el ejército no es, en esencia, quitar la vida, sino salvaguardarla.

Esta verdad se hace evidente cuando se mira más allá de la mecánica visible de la guerra hacia los motivos invisibles que guían el corazón del soldado cristiano. El creyente uniformado no lucha porque ama el conflicto, sino porque ama la paz. No defiende porque desprecia al enemigo, sino porque valora al inocente. En un mundo plagado de caos, opresión y maldad, el servicio no es un acto de agresión, sino un acto de mayordomía: proteger la santidad de la vida contra fuerzas que buscan destruirla.

El Llamado a Preservar la Vida

La noción de que la vida puede ser dada, no solo a través de la sanación sino mediante la defensa, tiene raíces profundas en la Escritura. En el Antiguo Testamento, los defensores de Israel eran vistos como instrumentos de preservación divina. Los soldados del Rey David, conocidos como los "valientes", no fueron recordados por su sed de sangre, sino por su valor al proteger al pueblo del pacto de la destrucción. Su valentía aseguró la supervivencia de una nación a través de la cual se desplegaría el plan redentor de Dios.

Este instinto protector no es antitético a la fe: es una extensión de la compasión divina. Dios mismo es descrito como un "escudo" (Salmo 3:3), una "fortaleza" (Salmo 18:2) y una "torre fuerte" (Proverbios 18:10). Cuando los creyentes asumen roles similares en la tierra—protegiendo a los débiles, defendiendo la justicia y restringiendo el mal—reflejan los atributos mismos de su Creador. La profesión militar, cuando se ejerce con rectitud, se convierte en una parábola viva de la protección de Dios.

En este sentido, el soldado cristiano refleja al Buen Pastor, quien "da su vida por las ovejas" (Juan 10:11, RVR). Pararse entre el peligro y los indefensos es un acto de amor, no de odio. Es imitar la postura sacrificial de Cristo en un mundo caído, donde la paz a menudo se compra a gran costo. Como recuerda Donald B. Kraybill, "El reino al revés de Dios mide la grandeza no por el poder o la autopreservación, sino por la disposición a servir y sacrificarse por otros".[11]

Desmond Doss: Un Testimonio de Valentía y Convicción

Uno de los ejemplos más profundos de dar vida en medio de la guerra se encuentra en la historia de Desmond T. Doss, el médico adventista del séptimo día inmortalizado en El Héroe Menos Probable. Doss entró en la Segunda Guerra Mundial con una Biblia en una mano y una convicción inquebrantable en el corazón. Como objetor de conciencia, se negó a portar armas, eligiendo en cambio sanar en lugar de dañar.

---

[11] Donald B. Kraybill, *The Upside-Down Kingdom* (Scottdale, PA: Herald Press, 2003), 56.

Durante la desgarradora Batalla de Okinawa, Doss enfrentó un fuego enemigo implacable. Mientras otros buscaban cobertura, él permaneció expuesto, decidido a rescatar a los heridos. Uno por uno, llevó a los hombres a un lugar seguro—americanos e incluso algunos soldados japoneses—rezando después de cada rescate: "Señor, por favor ayúdame a salvar uno más." Al final de la batalla, había salvado a setenta y cinco vidas sin disparar una sola bala.

Su historia trasciende los límites de denominación o credo. Encierra lo que significa servir a Dios en un lugar de muerte mientras se elige ser un agente de vida. A Doss se le otorgó la Medalla de Honor del Congreso, pero su legado no es solo de heroísmo, sino de santidad—una fe vivida en el crisol más feroz de la guerra. Como lo registró hermosamente Booton Herndon: "No buscaba gloria, ni venganza, ni conquista. Su única arma era la fe; su única misión era la misericordia."[12]

El testimonio de Doss replantea la conversación sobre el servicio cristiano. Nos recuerda que la vocación militar no necesita definirse por quitar vida, sino por valorarla. Incluso en el campo de batalla, un creyente puede reflejar la compasión de Cristo, demostrando que la fe y el servicio no son contradicciones, sino complementos cuando están arraigados en el amor.

Dar Vida a Través de Actos de Servicio

No todo soldado es médico, pero todo creyente en uniforme lleva consigo el potencial de dar vida. Ya sea a través de misiones humanitarias, ayuda en desastres o el acto silencioso del coraje moral, el servicio ofrece innumerables oportunidades para la restauración.

Pensemos en el trabajo de los ingenieros militares que reconstruyen aldeas devastadas por la guerra, o los capellanes que consuelan a los dolientes y restauran la esperanza a los cansados. Pensemos en los pilotos que entregan alimentos a regiones sitiadas, o los marinos que evacúan a civiles de zonas de peligro. Estos actos de misericordia, aunque a menudo

---

[12] Booton Herndon, The Unlikeliest Hero (Mountain View, CA: Pacific Press Publishing, 1967), 78.

eclipsados por el combate, son algunas de las expresiones más verdaderas de lo que significa servir a imagen de Dios.

Cada uno de estos esfuerzos revela una verdad vital: la misión del guerrero creyente no se limita a la victoria, sino que se extiende hacia la redención. Las manos del soldado, aunque entrenadas para la batalla, también pueden sanar, construir y bendecir. La misma disciplina que le permite neutralizar amenazas puede también capacitarlo para sostener la vida. La dicotomía entre matar y salvar, destruir y defender, encuentra su resolución en el soldado que ve su deber como un ministerio—alguien que entiende que la mayor victoria no se encuentra en la conquista, sino en la compasión.

El Poder de la Moderación

Una de las formas más subestimadas de dar vida en la guerra es a través de la moderación. La verdadera fuerza no se mide por la capacidad de atacar, sino por la sabiduría de contenerse. En la Escritura, David ejemplificó esto cuando se negó a matar al rey Saúl, a pesar de tener la oportunidad. "Jehová me guarde de hacer tal cosa contra mi señor, el ungido de Jehová", declaró (1 Samuel 24:6, RVR). La misericordia de David hacia su perseguidor se convirtió en un acto de gracia vivificante— una negativa a dejar que la venganza superara a la virtud.

En la ética militar moderna, la moderación sigue siendo la señal de una madurez moral. Las reglas de enfrentamiento, la proporcionalidad y la inmunidad de no combatientes no son meras construcciones políticas— son principios teológicos arraigados en la imagen de Dios. Cada decisión de perdonar en lugar de destruir es un susurro de la misericordia divina en medio del estruendo de la guerra.

El guerrero creyente, guiado por el Espíritu, debe reconocer que la moderación no es debilidad, sino adoración. Cada acto de misericordia honra al Creador que valora cada alma. La capacidad de detener la mano cuando la venganza la tienta es prueba de que la ética divina ha triunfado sobre el impulso humano. En ese momento, el soldado se convierte en un vaso de gracia—una contradicción viviente ante el caos de la guerra.

Vida Más Allá del Campo de Batalla

Para muchos veteranos, la lucha por dar vida continúa mucho después de que termina la última batalla. La transición del combate a la vida civil suele estar cargada de heridas morales, traumas y pérdida de identidad. Sin embargo, incluso aquí, la obra redentora de Dios continúa. El mismo valor que los sostuvo durante la guerra ahora puede ser usado para traer sanidad, mentoría y esperanza a otros.

Miroslav Volf observa que la reconciliación requiere tanto el reconocimiento del dolor como el abrazo al otro.[13] Los veteranos que canalizan sus experiencias hacia el servicio—ya sea mediante consejería, trabajo comunitario o defensa de causas—se convierten en agentes vivos de reconciliación. Transforman el sufrimiento en empatía, la culpa en gracia, y el recuerdo en ministerio. Al hacerlo, continúan "dando vida", demostrando que el servicio a Dios y a la patria no termina con la baja, sino que perdura a través de la compasión.

El testimonio del creyente después de la guerra puede ser aún más poderoso que su testimonio en medio de ella. Cuando otros ven que alguien puede soportar el horror y aún conservar la fe, experimentar pérdida y aún así amar, se encuentran con la esencia misma de la resurrección: la victoria de la vida sobre la muerte.

La Paz como el Don Supremo de Vida

El acto supremo de dar vida no consiste en preservarla temporalmente, sino en guiar a otros hacia la paz eterna. Este es el llamado más profundo del soldado: crear espacios donde las familias puedan florecer, los niños puedan soñar y la fe pueda prosperar. La paz no es un logro político; es una herencia espiritual. Es el fruto de la justicia asegurada y la misericordia extendida.

El soldado cristiano no sirve únicamente para prevenir la guerra, sino para establecer las condiciones en las que la paz se vuelve posible. Su

---

[13] Miroslav Volf, *Exclusion and Embrace: A Theological Exploration of Identity, Otherness, and Reconciliation* (Nashville, TN: Abingdon Press, 1996), 117.

sacrificio refleja la obra de Cristo, quien compró nuestra paz con Su sangre. Las heridas del soldado se convierten en testimonios del costo del amor; sus cicatrices, en sacramentos del servicio.

Como lo profetizó Isaías: "Y el efecto de la justicia será paz; y la labor de la justicia, reposo y seguridad para siempre" (Isaías 32:17, RVR). La paz no es la ausencia de batalla; es el fruto de un trabajo justo. El guerrero creyente participa en esta vocación divina cada vez que defiende la verdad, protege al indefenso y refrena el mal por amor a la vida.

Para el Guerrero Creyente, el llamado a las armas es, en última instancia, un llamado a la vida. La pregunta "¿matar o no matar?" encuentra su resolución final no en la legalidad, sino en el amor. El creyente que sirve en uniforme debe recordar que su arma, su entrenamiento y su autoridad son herramientas de mayordomía, no de dominación. Su mayor victoria no está en el número de batallas ganadas, sino en la cantidad de vidas preservadas.

El soldado cristiano da vida de innumerables maneras—mostrando misericordia cuando otros esperan malicia, rescatando en lugar de vengarse, y dando testimonio de un Dios que redime incluso en la hora más oscura. La cruz misma fue un campo de batalla, y allí, en medio del sufrimiento y la muerte, triunfó la vida. El guerrero creyente sigue ese mismo patrón, demostrando que incluso en el teatro de la guerra, el amor de Dios aún puede luchar por la paz.

Cuando los fusiles callan y las banderas se pliegan, lo que permanece no es la memoria de la destrucción, sino el legado del servicio—una vida entregada para que otros pudieran vivir. Ese es el acto supremo de adoración para el guerrero que cree.

PARTE II

LAS FUERZAS ÉLITE EN LA BIBLIA

CAPÍTULO 6

¿Son Bíblicas las Fuerzas Armadas?

UNA DE LAS OBJECIONES MÁS COMUNES entre los cristianos respecto al servicio militar es la creencia de que la guerra es inherentemente pecaminosa—un síntoma de un mundo caído y rebelde. Aunque es cierto que el pecado ha corrompido las instituciones humanas y la forma en que la guerra suele llevarse a cabo, no es del todo correcto decir que la guerra se originó con el hombre. La Biblia presenta una visión más amplia y profunda. La primera guerra registrada no ocurrió en la tierra, sino en el cielo, mucho antes de que existiera la humanidad.

La Primera Guerra No Fue en la Tierra

El Libro de Apocalipsis nos ofrece un vistazo a esta batalla cósmica: "Entonces hubo una gran batalla en el cielo. Miguel y sus ángeles luchaban contra el dragón; y luchaban el dragón y sus ángeles. Pero no prevalecieron, ni se halló ya lugar para ellos en el cielo. Y fue lanzado fuera el gran dragón, la serpiente antigua, que se llama diablo y Satanás, el cual engaña al mundo entero" (Apocalipsis 12:7–9, RVR).

Este pasaje es fundamental. Introduce la realidad de que el conflicto—el conflicto armado—se originó en el ámbito espiritual, no en la política humana. La palabra "guerra" aquí proviene del griego polemos, un término utilizado en otras partes de las Escrituras para describir batallas reales y organizadas. No es simbólico. Es una guerra que involucra ángeles, rangos y liderazgo, encabezada por Miguel, el Arcángel. Según Daniel 10:13 y 12:1, Miguel es referido como un "gran príncipe" que defiende al pueblo de Dios. Algunas tradiciones teológicas equiparan a Miguel con Cristo en su forma pre-encarnada, como Comandante del Ejército del Cielo.

La presencia de guerra en el cielo antes del pecado humano nos confronta con una verdad desafiante: el conflicto no es inherentemente malvado. Se convierte en malvado cuando está motivado por el orgullo, la malicia, la avaricia o la venganza, tal como fue el caso en la rebelión de Satanás. Sin embargo, la guerra en defensa de la justicia, dirigida por fuerzas designadas por Dios, refleja la justicia divina y la defensa de lo bueno y lo santo. Esta guerra celestial no fue causada por el pecado en la tierra, sino por la rebelión en el cielo. Satanás, deseando ser igual a Dios (Isaías 14:12–15), organizó un levantamiento. No fue Dios quien inició esta guerra, sino que permitió que sus ángeles respondieran con fuerza, para defender la verdad, la justicia y el orden de su reino. Ese momento se convirtió en el modelo para cada guerra justa que le seguiría.

Desde este punto de partida, aprendemos un principio hermenéutico poderoso: no toda guerra es injusta. Si los ángeles en el cielo pueden luchar por la causa de la justicia divina, entonces la pregunta no es si la guerra es bíblica, sino si nuestra participación está alineada con la justicia. Esta realidad cósmica reconfigura nuestra comprensión del servicio en la tierra. Cuando un soldado cristiano se enfrenta al mal, no por odio, sino en defensa del inocente, está caminando en el mismo patrón de Miguel y los ejércitos celestiales. No actúa fuera de la voluntad de Dios, sino muy posiblemente dentro de ella.

Dios, el Guerrero Divino

Habiendo visto que la guerra se origina en los ámbitos celestiales y no únicamente en la depravación de la humanidad caída, ahora debemos considerar cómo Dios mismo es retratado como guerrero a lo largo de las Escrituras. El Antiguo Testamento está lleno de lenguaje e imágenes de guerra divina—no meramente como metáfora, sino como intervención activa en batallas humanas.

Yahveh Sabaot – "El Señor de los Ejércitos"

Uno de los títulos más frecuentes y reveladores para Dios en la Biblia hebrea es Yahveh Sabaot, que se traduce como "el Señor de los Ejércitos" o "el Señor de las Huestes." Este nombre aparece más de 270 veces y habla directamente de la identidad de Dios como el comandante supremo militar—sobre los seres celestiales y también sobre las fuerzas terrenales. "El Señor es guerrero; el Señor es su nombre" (Éxodo 15:3, CST).

Esta declaración sigue a la liberación de Israel del ejército del faraón a través del Mar Rojo. Dios no solo orquestó la huida; orquestó una derrota militar. El texto de Éxodo 14 es explícito: "El Señor peleará por vosotros." Aquí somos testigos del acto divino de la guerra—no de una liberación pasiva, sino de una destrucción intencional de un ejército opresor para asegurar la libertad de Israel.

Guerra Santa y Justicia Divina

El concepto de "guerra santa" en el Antiguo Testamento a menudo se malinterpreta. Los críticos acusan a Dios de avalar la violencia, pero esas batallas nunca fueron por conquista en sí misma. Más bien, fueron juicios divinos sobre sociedades profundamente corruptas y violentas (ver Génesis 15:16; Deuteronomio 9:4-5). Las campañas militares dirigidas por Josué, Gedeón y David nunca fueron lanzadas por decisión propia; fueron guiadas, sancionadas y muchas veces ordenadas directamente por Dios. "Cuando salgas a la guerra contra tus enemigos, y el Señor tu Dios los entregue en tu mano…" (Deuteronomy 20:1).

Observa: "Cuando," no "si." La suposición es que la guerra formaría parte de la experiencia de Israel—y que Dios mismo estaría involucrado en el resultado. Lo que importa no es simplemente la presencia de la guerra, sino la justicia de la causa y la guía divina detrás de ella.

El Comandante del Ejército del Señor

Uno de los momentos más impactantes del Antiguo Testamento ocurre en Josué 5:13–15, cuando Josué se encuentra con un guerrero misterioso con una espada desenvainada: "Josué se le acercó y le preguntó: '¿Eres de los nuestros o de nuestros enemigos?' 'No,' respondió él, 'yo soy el comandante del ejército del Señor, y acabo de llegar.'"

Esta figura divina, que muchos estudiosos identifican como Cristo preencarnado, no toma partido en las políticas humanas. Representa los propósitos superiores de Dios, que trascienden las agendas humanas. La importancia de este momento es inmensa: Dios tiene un ejército, y ese ejército tiene un Comandante, que participa directamente en las luchas militares de su pueblo.

La reacción de Josué lo dice todo: cae rostro en tierra en señal de reverencia, reconociendo la santidad del encuentro. Se le ordena quitarse las sandalias—una clara referencia al llamado de Moisés en la zarza ardiente—reforzando aún más que no se trata de un guerrero común, sino de Dios mismo en un papel militar.

Imágenes Militares y Teología

El Salmo 24:8 pregunta: "¿Quién es este Rey de gloria? El Señor, el fuerte y valiente, el Señor, valiente en la batalla." Dios no es descrito aquí con vestiduras sacerdotales ni enseñando en una sinagoga—se muestra como un rey conquistador, con espada en mano, entrando triunfante en su ciudad. Rechazar la idea de la guerra justa es rechazar una imagen central de quién es Dios: un defensor de los oprimidos, un destructor del mal, y un protector de su pueblo del pacto.

Jesús—Príncipe de Paz y Comandante de los Ejércitos Celestiales

Cuando las personas piensan en Jesús, a menudo lo imaginan como el maestro gentil, el sanador, el Cordero de Dios—imágenes que destacan la mansedumbre, la misericordia y el sacrificio. Estas no son incorrectas. Pero sí están incompletas. El Nuevo Testamento revela otro aspecto de Jesús—uno que a menudo se pasa por alto, especialmente en discusiones teológicas sobre la violencia y el servicio militar. Jesús no es solo el Cordero; también es el León. Es el Príncipe de Paz, pero también el Comandante de los ejércitos celestiales.

Jesús en Apocalipsis: Rey Guerrero

En ninguna parte esta imagen militar es más vívida que en Apocalipsis 19:11–16: "Entonces vi el cielo abierto; y he aquí un caballo blanco. El que lo montaba se llama Fiel y Verdadero, y con justicia juzga y pelea. Sus ojos eran como llama de fuego… Estaba vestido de una ropa teñida en sangre, y su nombre es: El Verbo de Dios… De su boca sale una espada aguda para herir con ella a las naciones."

Esto no es solo simbolismo poético. Es Jesucristo, regresando a la Tierra no para enseñar ni sanar, sino para confrontar y destruir a los ejércitos del mal. La espada que sale de su boca representa el poder de su palabra—la misma palabra que creó el mundo ahora trae el juicio final.

Aquí encontramos la paradoja: Jesús hace la guerra con justicia. La palabra griega usada es polemeō, que significa librar batalla. No es movido por venganza ni odio, sino por una misión santa para eliminar el mal. Su túnica teñida en sangre no es una metáfora de su propio sacrificio—la lleva puesta antes de que comience la batalla. Es la sangre de sus enemigos, un símbolo del juicio venidero.

Esta revelación transforma nuestra comprensión de la misión de Cristo. La paz no es simplemente la ausencia de conflicto. La paz bíblica (shalom) es la presencia de justicia, rectitud y orden. Y a veces, establecer esa paz requiere confrontar las tinieblas con fuerza divina.

El Cordero Que Lucha

Incluso durante su ministerio terrenal, Jesús no fue pacifista en el sentido político moderno. Habló de división (Lucas 12:51), conflicto (Mateo 10:34) y guerra espiritual (Lucas 11:21–22). Su purificación del templo (Juan 2:13–17) fue un acto violento—expulsó a los cambistas corruptos con un látigo. ¿Le faltaba amor? No. Estaba lleno de celo por la justicia. Su misión requería confrontación, no solo compasión.

En Mateo 24, Jesús habla de guerras, rumores de guerras y agitación global—no para condenar esas cosas directamente, sino para explicar que forman parte del desarrollo del plan de Dios. Y en Lucas 22:36, cuando dice a sus discípulos: "vendan su capa y compren una espada," queda claro que Jesús reconoce la necesidad de protección y preparación en un mundo hostil. No elimina la idea de defensa—la redefine dentro del propósito del reino.

Guerra Espiritual y Física

Las enseñanzas de Jesús claramente elevan la guerra espiritual como el frente principal de batalla. "Mi reino no es de este mundo," le dijo a Pilato (Juan 18:36). Pero no dijo que su reino estuviera desconectado de este mundo. Su estrategia era más alta—no tomar el poder político por la fuerza, sino conquistar corazones mediante la verdad. Aun así, esto no niega el hecho de que la guerra, incluso la guerra física, tiene un papel en la historia redentora.

De la misma manera, un cristiano puede servir en el ejército sin contradecir el espíritu de las enseñanzas de Cristo. No depende de la presencia de violencia, sino del motivo, el propósito y la disposición del corazón detrás de ella. Así como Jesús vino con una misión de amor y también con una espada de juicio, así también los creyentes pueden entrar al campo de batalla no como agentes de destrucción, sino como guerreros de justicia.

Escatología y la Erradicación Final del Mal — La Guerra para Terminar con Todas las Guerras

Si la Biblia comienza con una guerra en el cielo, también termina con una. Entre Génesis y Apocalipsis no se encuentra solo la historia de la humanidad, sino la historia de la campaña militar de Dios para erradicar el mal para siempre. Mientras que las guerras humanas suelen estar impulsadas por el orgullo, la avaricia o la venganza, la guerra divina es una confrontación justa contra el pecado, la rebelión y la destrucción misma de la vida. La culminación de esta guerra, revelada en las visiones escatológicas del Apocalipsis, trae claridad a la pregunta: ¿la guerra es siempre mala, o puede ser santa?

Los Mil Años y el Juicio Final

Apocalipsis 20 describe la cronología de las fases finales de la estrategia militar de Dios:

1. Satanás es atado por mil años (Apocalipsis 20:1–3).
2. Los santos reinan con Cristo (Apocalipsis 20:4–6).
3. Satanás es soltado y reúne ejércitos (Apocalipsis 20:7–9).
4. Fuego del cielo los destruye a todos.
5. Tiene lugar el Juicio del Gran Trono Blanco (Apocalipsis 20:11–15).

Esto no es una metáfora. No es una batalla de opiniones ni de ideologías. Es una campaña militar cósmica. Satanás no cae en silencio—convoca a las naciones, simbolizadas como Gog y Magog, para una última guerra. Él es el archienemigo, el comandante de las fuerzas de las tinieblas. Sus seguidores, tanto espirituales como humanos, se alinean para la batalla. Y sin embargo, ningún santo levanta una espada. No se lanza contraataque alguno. ¿Por qué? Porque la victoria pertenece solo a Dios. "Y descendió fuego del cielo y los consumió" (Apocalipsis 20:9). La guerra termina en un instante de justicia santa. Esta escena es el clímax de la guerra espiritual y física en toda la Biblia.

Confirma una verdad sobria: la guerra tiene un lugar en la estrategia redentora de Dios, pero solo como un medio temporal hacia una paz final y eterna.

La Erradicación Final del Pecado

El propósito de esta guerra definitiva no es la conquista, sino la purificación. La guerra de Dios nunca se trata del poder por sí mismo. Se trata de la verdad, la justicia y la restauración de la creación. Después de este juicio final, el pecado no se levantará jamás. Como promete Nahúm 1:9: "¿Qué pensáis contra Jehová? Él hará consumación. No se levantará dos veces la aflicción." Esto es crucial para comprender por qué el servicio militar puede reflejar un llamado divino. La Biblia no glorifica la violencia, pero tampoco rehúye usar la guerra como instrumento de juicio justo. Al final, Dios no envía políticos ni filósofos para resolver el conflicto final—Él lidera ejércitos. Y es por medio de esta guerra que el mal es destruido para siempre.

Los Veteranos del Cielo: Guerreros Redimidos

Curiosamente, Apocalipsis no solo presenta a ángeles y seres divinos como guerreros. Los santos mismos son descritos como "los que vencen" (Apocalipsis 2–3). La palabra griega nikaō significa "conquistar" o "prevalecer en batalla." No son espectadores pasivos—son veteranos espirituales, probados por el fuego y fieles en la guerra. "Y ellos le han vencido por medio de la sangre del Cordero y de la palabra del testimonio de ellos, y menospreciaron sus vidas hasta la muerte" (Apocalipsis 12:11).

Esto no es solo lenguaje poético. Es un grito de guerra. Los santos son soldados espirituales, marcados no por medallas sino por fidelidad en medio de la guerra espiritual. El ejército de Dios está compuesto por aquellos que pelearon la buena batalla de la fe, ya sea con armas literales o con armadura espiritual. Al final, estarán firmes junto a Cristo, no porque fueron pacifistas, sino porque fueron valientes, disciplinados, obedientes y fieles.

Por Qué el Servicio Militar Puede Reflejar la Naturaleza de Dios

Entonces, ¿es bíblico servir en las fuerzas armadas? Después de examinar todo el alcance de las Escrituras—desde la guerra celestial en el cielo hasta las batallas apocalípticas de Apocalipsis—la respuesta no solo es sí, sino un sí profundo, cuando se entiende a través del lente de la justicia, la rectitud y el propósito divino. La Biblia no rehúye la guerra. La sitúa dentro del marco del conflicto cósmico de Dios contra el mal. En cada dispensación—el cielo, el Israel del Antiguo Testamento, la iglesia del Nuevo Testamento y el tiempo del fin—la guerra es una herramienta usada no para glorificar la violencia, sino para confrontar la rebelión, proteger a los inocentes y avanzar la justicia divina.

Guerreros a Imagen de Dios

Ser soldado es reflejar, de forma humilde y limitada, los atributos del Guerrero Divino:

- Justicia – Luchar no por conquista, sino para defender la verdad, la libertad y a los oprimidos.
- Disciplina – Someterse a la autoridad, vivir una vida de orden, dominio propio y sacrificio.
- Protección – Entregar la vida, si es necesario, para proteger a otros—tal como Cristo lo hizo por nosotros.
- Valor – Avanzar incluso con miedo, por el bien de una causa mayor.

Cuando un cristiano entra en el ejército, no necesariamente está entrando en un entorno secular o pagano. Está pisando un campo de batalla donde se pueden vivir los valores del Cielo. Ya sea que lleve el uniforme de un Infante de Marina, un Marinero, un Soldado o un Aviador, puede vestir al mismo tiempo la armadura espiritual de Dios.

Disciplina Divina y Propósito Terrenal

El servicio militar puede ser un terreno de entrenamiento sin igual para la formación espiritual. Inculca las virtudes que Dios ha llamado a Su pueblo a vivir:

- Obediencia a la autoridad – reflejo de nuestra sumisión a Dios.
- Sacrificio – eco del de Cristo mismo.
- Hermandad y unidad – reflejo del cuerpo de Cristo.

He conocido a algunos de los creyentes más devotos no en bancas, sino en uniforme de combate. Hombres y mujeres que oran con convicción en tiendas de campaña, que llevan Biblias en los bolsillos del pantalón, y que cantan alabanzas bajo cielos desérticos. Su fe es real, probada y profundamente enraizada. Son testigos vivientes de que la fe y el servicio militar no son enemigos—son aliados en la guerra por el alma.

Un Modelo Celestial para Guerreros Terrenales

Cuando Dios creó estructura en Su reino celestial, creó rango, misión y orden. Designó ángeles para mandar, guardar, luchar y ministrar. Llamó a personas como David, Josué, Débora y Gedeón para servirle a través del liderazgo militar. Y al final, traerá paz a este universo mediante un acto final de guerra divina. Si el reino de Dios está organizado como un ejército y Él mismo es un guerrero, ¿cómo podría el servicio militar ser inherentemente no espiritual? No glorificamos la guerra, pero sí glorificamos al que lucha por redimir.

A Los Que Son Llamados

A ti, lector—si estás luchando con la pregunta de si Dios realmente podría llamar a alguien como tú al ejército, escucha esto: Sí, puede. Y tal vez ya lo está haciendo. Tu servicio puede ser una misión sagrada. Tu entrenamiento puede moldear tu testimonio. Tu uniforme puede ser una forma de testimonio. Tu llamado puede convertirse en una causa para la salvación.

Dios no necesita vasos perfectos—necesita vasos dispuestos. El campo de batalla no se limita a metáforas espirituales. A veces, se presenta como órdenes de despliegue. A veces, suena como entrenamiento básico. A veces, te lleva a lugares de muerte para que tú puedas llevar vida. "Tú, pues, sufre penalidades como buen soldado de Jesucristo" (2 Timoteo 2:3). Esto no es solo un llamado a la dureza—es un recordatorio divino de que la vida militar, cuando se rinde a Cristo, se convierte en una misión sagrada.

Reflexión Final

¿Son bíblicas las fuerzas armadas? Absolutamente—cuando se entienden con la perspectiva correcta. La guerra no es el enemigo de la fe. El pecado lo es. Y a veces, para confrontar el pecado, el mal y la injusticia, Dios levanta guerreros—hombres y mujeres forjados en fuego, disciplinados por la prueba y marcados por una causa más grande que ellos mismos. Si ese eres tú—da un paso al frente. Tus órdenes pueden venir no solo de un oficial al mando, sino del Comandante de los ejércitos celestiales. Y si Dios te está llamando a servir, tenlo por seguro: no estás abandonando tu fe—estás respondiendo a un llamado superior.

CAPÍTULO 7

Combate Bíblico en la Biblia

A lo largo de las Escrituras, el pueblo de Dios se encuentra en batalla algunas veces como instrumento de juicio, otras como víctima de opresión o defensor de la justicia. Estas batallas, tanto físicas como espirituales, revelan un patrón inconfundible: el Señor mismo es presentado como un guerrero que interviene en la historia humana para sostener la justicia. El registro bíblico de la guerra no es una glorificación de la violencia, sino una exposición de la soberanía divina. Dios no es indiferente al conflicto ni depende de ejércitos humanos; Él es el comandante de las huestes celestiales, que pelea no por conquista, sino por pacto.

Las primeras representaciones de la guerra divina aparecen en la narrativa del Éxodo. Israel era una nación de esclavos, sin armas ni entrenamiento militar, perseguida por uno de los ejércitos más formidables del mundo antiguo. Sin embargo, en el Mar Rojo, Dios mostró su supremacía no a través de estrategia humana, sino por su propia mano. "El Señor peleará por vosotros, y vosotros estaréis tranquilos" (Éxodo 14:14, RVR). Estas palabras de Moisés resuenan a lo largo de las generaciones, ofreciendo consuelo a los creyentes que enfrentan probabilidades abrumadoras. Los israelitas estaban atrapados entre los carros del faraón y el mar—una situación imposible desde cualquier medida humana. Pero cuando Moisés extendió su vara, las aguas se dividieron, creando un camino de liberación. Mientras el pueblo cruzaba a salvo, el ejército egipcio los persiguió y fue tragado por las olas que se cerraron.

Este momento es una de las demostraciones más claras en las Escrituras de que la victoria pertenece al Señor. Israel no ganó con armas ni con astucia; fueron espectadores del poder divino. El propósito de Dios en este evento iba más allá de la supervivencia—era revelación. Mostró tanto a Israel como a Egipto que solo Él es soberano sobre la creación, capaz de liberar a su pueblo por medios que desafían la lógica.

Para los creyentes que sirven en el ámbito militar, la lección es profunda: la ayuda divina no está limitada por las circunstancias ni por la tecnología. La guerra moderna puede depender de la precisión y la inteligencia, pero el resultado final sigue estando en manos de Dios. La fe se convierte en la armadura invisible que protege y sostiene el corazón. El guerrero creyente aprende del Mar Rojo que aunque la fuerza humana es necesaria, la dependencia de la intervención divina es esencial. En toda época, Dios sigue siendo el defensor de los que confían en Él.

Dios como Guerrero Divino

El Cántico de Moisés que sigue a la liberación del Mar Rojo incluye una declaración impactante: "El Señor es guerrero; el Señor es su nombre" (Éxodo 15:3, NVI). Esta afirmación introduce una teología que resonará en los Salmos y los profetas: la idea de Dios como el guerrero divino. En la cultura antigua, la victoria en batalla era evidencia del favor divino. El Dios de Israel no se parecía a ningún dios pagano, porque sus guerras siempre eran morales, no territoriales. No luchaba para expandir fronteras, sino para establecer justicia y preservar sus promesas del pacto.

En el Salmo 24, David pregunta: "¿Quién es este Rey de gloria? El

Señor, fuerte y valiente, el Señor, poderoso en batalla." El salmista imagina a Dios como el comandante que regresa de la guerra, victorioso sobre el caos y el mal. Esta imagen no es solo una metáfora; define una verdad central sobre la relación de Dios con la humanidad. Él no permanece distante de nuestras luchas. Cuando su pueblo enfrenta opresión, Él entra al campo de batalla en su favor.

A lo largo del Antiguo Testamento, las intervenciones de Dios siguen un patrón: actúa cuando su pueblo está indefenso. Los ejércitos del cielo se movilizan cuando los recursos humanos han llegado a su fin. Esta participación divina recuerda a los creyentes que el combate, en el sentido bíblico, nunca es meramente humano; es espiritual. Las batallas que enfrentamos en la tierra—ya sean guerras físicas, crisis morales o pruebas personales—reflejan la lucha cósmica entre el bien y el mal.

Para el guerrero creyente, esta verdad trae perspectiva. Servir en el ejército no es simplemente una carrera; es participación en una larga tradición de quienes se interponen entre el orden y el caos, reflejando al Dios que libra guerras por justicia. Un cristiano en uniforme encarna tanto fuerza como moderación, valor como compasión. El llamado es sagrado: representar el orden divino en un mundo propenso a la destrucción.

La Batalla de Jericó — Cuando la Obediencia se Volvió un Arma

Cuando Israel finalmente llegó a la Tierra Prometida, la ciudad fortificada de Jericó se alzaba como su primer obstáculo. Militarmente, los muros de Jericó eran impenetrables. Pero las instrucciones de Dios a Josué fueron inusuales—casi absurdas desde la lógica humana. "Marchen alrededor de la ciudad una vez con todos los hombres armados. Hagan esto durante seis días. El séptimo día, marchen alrededor de la ciudad siete veces, con los sacerdotes tocando trompetas" (Josué 6:3–4, NVI).

Para un guerrero experimentado, tal estrategia parecería ilógica, incluso insensata. Sin embargo, Josué obedeció por completo. El pueblo marchó en silencio, y su obediencia se convirtió en una forma de adoración. En el séptimo día, las trompetas sonaron, el pueblo gritó, y los muros colapsaron. Jericó cayó no por armas de asedio, sino por fe expresada a través de la obediencia.

Esta batalla revela que las victorias de Dios a menudo desafían la lógica humana. El poder militar y la brillantez táctica son valiosos, pero no pueden sustituir la instrucción divina. La caída de Jericó demuestra que la obediencia es el arma más poderosa en la guerra espiritual. El guerrero creyente, por tanto, debe aprender que el éxito en cualquier misión—ya sea en combate o en el deber diario—depende más de escuchar a Dios que de apoyarse en la experiencia.

Los soldados de Josué eran disciplinados, pero su disciplina por sí sola no derribó los muros. Fue la fe en la palabra de Dios lo que hizo posible lo imposible. Ese mismo principio rige la vida de todo soldado cristiano hoy. Seguir órdenes es importante—pero seguir las órdenes de Dios es esencial.

En Jericó, la fe de Israel se hizo visible. Su marcha fue una declaración de confianza; su grito, una proclamación de victoria antes de que los muros cayeran. Para el creyente en uniforme, esta historia se convierte en una metáfora de la persistencia en la oración, la paciencia bajo presión y el valor para actuar cuando Dios da la orden. La victoria muchas veces llega después de que la obediencia ha sido puesta a prueba.

Fe Frente a lo Imposible — Lecciones para el Guerrero Creyente

La narrativa bíblica afirma repetidamente que Dios se asocia con quienes están dispuestos a actuar con fe. Cuando Él pelea por Su pueblo, a menudo lo hace a través de ellos. El Mar Rojo mostró la intervención directa de Dios; Jericó reveló Su cooperación con la fe obediente. Juntas, estas historias ilustran que la guerra divina opera en dos frentes: la soberanía de Dios y la sumisión humana.

Para quienes sirven hoy, esta asociación refleja la doble naturaleza del servicio cristiano—deber activo y deber espiritual. La obediencia del soldado al mando se asemeja a la sumisión del creyente a la autoridad de Dios. Ambas requieren disciplina, humildad y confianza. La profesión militar, cuando se ejerce con integridad moral, se convierte en una parábola viva de la verdad espiritual.

Cuando un cristiano en servicio elige actuar con honestidad en medio de la corrupción, con compasión en medio de la crueldad, y con moderación en medio de la provocación, se convierte en un reflejo del carácter justo de Dios en territorio hostil. El campo de batalla del soldado puede ser diferente al de Josué, pero el principio permanece: el Señor aún pelea a través de Su pueblo.

Jericó enseña que cada creyente es parte de una campaña divina más grande que él mismo. Cuando un capellán ora por un marinero herido, cuando un médico arriesga su vida para salvar a otro, o cuando un comandante se niega a cumplir órdenes injustas, cada uno se convierte en un eco de la misma verdad: Dios aún libra batallas por medio de vasos humanos que caminan en obediencia.

Las historias de combate divino en la Escritura no son reliquias de un pasado antiguo; son revelaciones de principios eternos. Enseñan que Dios valora el coraje, la obediencia y el servicio sacrificial. Así como llamó a Josué para marchar, a David para pelear y a Moisés para liderar, aún hoy llama a hombres y mujeres a pararse entre la tiranía y la paz.

Servir en el ejército, para el creyente, es entrar en el ritmo antiguo de la guerra divina—no por conquista ni venganza, sino por protección y justicia. El guerrero creyente encarna la naturaleza misma de Dios como defensor y libertador. El servicio militar, cuando se persigue con rectitud, se convierte en un encargo sagrado—un acto de adoración expresado a través del deber.

El Dios que abrió mares y derrumbó muros aún pelea por Su pueblo. Simplemente lo hace ahora por medio de quienes están dispuestos a vestir el uniforme con integridad y fe. Cada acto de valor, cada decisión guiada por la conciencia, se convierte en una oración de campo de batalla: "Señor, pelea a través de mí."

De esta manera, el creyente en uniforme no lucha solamente por una nación, sino que participa en la obra eterna de Dios—la preservación de la vida, la defensa de la justicia y la manifestación del amor divino en un mundo quebrantado.

Fe y Valentía en el Campo de Batalla

La Escritura rebosa de historias donde la fragilidad humana se encuentra con la fuerza divina. Cada relato nos recuerda que el valor no es la ausencia de miedo, sino la decisión de confiar en Dios en medio de él. Entre estos relatos, dos episodios destacan como retratos de lo que significa luchar—no solo con armas—sino con fe: David y Goliat, y la lucha de Moisés contra Amalec.

David vs. Goliat — Fe Sobre el Miedo

El valle de Elá se convirtió en el escenario de una de las batallas más duraderas de la historia. Durante cuarenta días, el gigante filisteo Goliat se burló del ejército de Israel, con su armadura brillando bajo el sol y sus palabras hiriendo más que su espada. Los soldados entrenados para el combate temblaban; incluso el rey Saúl, el guerrero más alto y capaz de Israel, permanecía escondido por miedo. En ese silencio apareció David—un pastor, no un soldado, que llevaba pan y obediencia en lugar de armadura y arrogancia.

Cuando David escuchó la blasfemia de Goliat, algo se encendió dentro de él que ninguna arma podría provocar. "¿Quién es este filisteo incircunciso para que desafíe a los ejércitos del Dios viviente?" (1 Sam. 17:26). Él vio lo que otros no vieron: que esto no era un enfrentamiento de fuerza, sino de fe. Mientras el ejército medía estatura y armamento, David medía pacto y llamado.

Rechazando la armadura de Saúl, David recogió cinco piedras lisas del arroyo. Su confianza no estaba en su honda, sino en la fidelidad del Señor. Mientras Goliat avanzaba, David gritó: "Tú vienes contra mí con espada, lanza y jabalina, pero yo vengo contra ti en el nombre del Señor Todopoderoso" (1 Sam. 17:45). Una piedra después, la batalla había terminado.

La victoria de David redefinió la guerra. Demostró que la presencia de Dios pesa más que cualquier ventaja militar. Para los creyentes en uniforme, esta historia capta el corazón del servicio cristiano: el valor nace cuando la fe reemplaza al miedo. El guerrero creyente aprende que el valor moral—defender la verdad, proteger al débil, rechazar la injusticia—es el campo de batalla moderno de la fe. La honda y la piedra quizás se hayan transformado en chalecos antibalas y órdenes de servicio, pero el principio sigue siendo el mismo: la victoria pertenece a los que luchan en el nombre de Dios, no en el suyo.

La historia de David también recuerda a los militares que la preparación y la fe coexisten. Era diestro con la honda; la fe no anuló el entrenamiento—lo perfeccionó. El soldado que ora sin practicar está desprevenido, y el que entrena sin orar está desprotegido. David encarnó ambas cosas, convirtiéndose en el modelo de preparación espiritual.

Su triunfo prefigura a Cristo, el Pastor-Guerrero supremo, que enfrentaría al gigante de la humanidad—el pecado—y lo vencería mediante la fe y la obediencia. El mismo Dios que guió la piedra de David ahora guía a cada creyente dispuesto a permanecer firme donde otros retroceden. En ese sentido, el valor del guerrero moderno se convierte en una continuación de la misma fe que derribó a Goliat.

Moisés, Aarón y la Batalla Contra Amalec — Intercesión y Trabajo en Equipo

Poco después de salir de Egipto, Israel enfrentó su primera prueba militar. Los amalecitas emboscaron a los cansados viajeros en Refidim. Dios ordenó a Moisés designar a Josué como comandante, mientras Moisés subía a una colina con la vara que simbolizaba la autoridad de Dios en su mano.

"Mientras Moisés mantenía los brazos en alto, prevalecía Israel; pero cuando los bajaba, prevalecía Amalec" (Éxodo 17:11). Cuando el cansancio lo vencía, Aarón y Hur se colocaban a su lado, uno a cada lado, sosteniéndole los brazos hasta que se puso el sol. Solo entonces el ejército de Josué logró la victoria.

Esta batalla ofrece una imagen profunda de cooperación entre el apoyo espiritual y la fuerza física. La victoria de Israel requirió tanto de la espada del soldado como de la oración del intercesor. Si uno fallaba, la derrota era segura. Dios diseñó este triunfo para enseñar que ningún guerrero pelea solo. La oración alimenta la perseverancia; la comunidad sostiene el valor.

En términos militares, Moisés, Aarón y Hur representan la unidad esencial entre liderazgo, apoyo y ejecución. Toda misión depende de manos invisibles que levantan a otros en oración, planificación o logística. El creyente en servicio experimenta esta misma realidad cuando familias, capellanes y hermanos en la fe lo sostienen delante de Dios. Detrás de cada operación justa hay una red de fe que no permite que los brazos caigan.

Para el guerrero creyente, este pasaje revela que el combate nunca es solo físico. Cada batalla externa refleja una interna: el esfuerzo de mantener la fe en alto cuando el agotamiento amenaza. Cuando los brazos de Moisés temblaron, la presencia de Aarón y Hur evitó la derrota. Así también, el soldado cristiano debe aprender a apoyarse en la comunidad espiritual. El aislamiento produce derrota; la comunión trae resistencia.

Esta historia también deja claro que Dios valora más la dependencia que la autosuficiencia. En una cultura que glorifica el individualismo, la imagen de Moisés siendo sostenido por otros enseña humildad. Incluso los líderes necesitan apoyo. Los mejores comandantes, capellanes y guerreros son aquellos que reconocen su necesidad de Dios y de los demás.

Desde una perspectiva teológica, la vara en alto simbolizaba la intercesión—la elevación de la voluntad humana hacia el cielo. La batalla en el valle reflejaba la guerra espiritual en las alturas. Así como las tropas de Josué luchaban con espadas, Moisés luchaba con oración. Ambos actos eran de obediencia; ambos eran instrumentos en las manos de Dios. Este compromiso doble—espiritual y físico—ilustra lo que significa servir a Dios con uniforme. El deber del soldado y la devoción del santo no son opuestos; son dos caras del mismo llamado.

Lecciones para el Guerrero Creyente

- La fe debe liderar la batalla. La historia de David recuerda a cada creyente que las mayores victorias se ganan primero en el corazón antes de manifestarse en el campo. La fe le da dirección al valor y evita que se convierta en imprudencia. La confianza del creyente no debe descansar en las armas, sino en la justicia de la causa y en la presencia de Dios en medio de ella.

- La comunidad sostiene la victoria. Las manos levantadas de Moisés simbolizan la naturaleza compartida del triunfo. Ninguna batalla se gana en solitario—ni en el Israel antiguo ni en el servicio moderno. Los compañeros de oración, las familias y las comunidades de fe son los guerreros invisibles que aseguran la preparación espiritual. Cuando uno se debilita, otros deben sostenerlo.

- La obediencia es más grande que la fuerza. Tanto David como Moisés actuaron según la instrucción de Dios, no por lógica humana. David rechazó la armadura; Moisés alzó una vara. Su obediencia liberó el poder divino. Para el militar moderno, obedecer a la convicción moral —aun bajo presión—es la verdadera señal de fortaleza.

- La intercesión es guerra. Cada vez que un capellán ora a bordo, un soldado se arrodilla antes del despliegue, o un creyente intercede por la paz, otra batalla invisible se inclina hacia la victoria. El poder de la oración no es simbólico—es estratégico. Alinea la voluntad del cielo con el conflicto de la tierra.

Estas dos batallas bíblicas—una peleada con honda, la otra con vara—revelan que Dios honra tanto el valor del guerrero como la oración del intercesor. La profesión militar, cuando está arraigada en la fe, se convierte en un campo donde se despliega el propósito divino. El guerrero creyente se presenta como protector y compañero de oración, encarnando el valor de David y la humildad de Moisés.

Servir con uniforme permite a los cristianos vivir este doble llamado: luchar cuando la justicia lo exige y orar cuando se necesita misericordia. La postura del soldado—firme pero rendido—refleja el equilibrio entre la justicia y el amor del cielo. Dios sigue obrando a través de mano disciplinadas y corazones fieles.

Cuando los creyentes sirven, no glorifican la guerra; glorifican al Dios que trae paz mediante el orden, libertad mediante el sacrificio, y redención mediante la obediencia. Cada misión se convierte en un eco moderno del grito de David y las manos alzadas de Moisés—una declaración de que la batalla pertenece al Señor.

Cuando la Victoria y la Derrota Enseñan Fe

La Biblia no es un libro de triunfos ininterrumpidos. Es un registro de personas reales—soldados, siervos y líderes—que experimentaron tanto victorias gloriosas como derrotas devastadoras. En ambas, Dios reveló Su carácter. En la victoria, mostró Su poder; en la derrota, mostró Su santidad. Para el guerrero creyente, estas historias enseñan que ganar cada batalla no es la medida de la fidelidad—confiar en Dios en cada resultado sí lo es.

Gedeón y los 300 — Fuerza en Números Pequeños

Cuando los madianitas aterrorizaban a Israel, Dios eligió a un líder poco probable: Gedeón, un hombre escondido por miedo, trillando trigo en un lagar para evitar patrullas enemigas. El ángel del Señor lo saludó con ironía y promesa: "El Señor está contigo, valiente guerrero" (Juec. 6:12). La respuesta inicial de Gedeón—"Perdón, mi Señor, pero si el Señor está con nosotros, ¿por qué nos sucede todo esto?"—refleja las dudas honestas de muchos creyentes llamados al servicio. Sin embargo, Dios vio valor donde Gedeón vio insuficiencia.

Pronto Gedeón se encontró reuniendo un ejército para enfrentar a los madianitas, cuyas fuerzas eran "tan numerosas como langostas" (Juec. 7:12). Pero Dios intervino de manera inesperada. "Tienes demasiados hombres", le dijo el Señor. "No puedo entregar a Madián en sus manos, o Israel se jactará contra mí" (7:2). A través de una serie de pruebas, Dios redujo el ejército de 32,000 a 300 hombres—menos del uno por ciento de la fuerza original. ¿Sus armas? Trompetas, antorchas y cántaros de barro.

De noche, el pequeño ejército de Gedeón rodeó el campamento enemigo. A su señal, rompieron los cántaros, alzaron las antorchas y tocaron las trompetas, gritando: "¡Por el Señor y por Gedeón!" Estalló el pánico entre los madianitas. "El Señor hizo que los hombres en todo el campamento se atacaran entre sí con sus espadas" (7:22). El enemigo colapsó bajo la confusión, y la victoria se aseguró sin que Israel blandiera una sola espada.

Esta victoria no se trató de táctica—se trató de confianza. Dios debilitó deliberadamente a Israel para magnificar Su fuerza. Los 300 de Gedeón no fueron elegidos por su habilidad sino por su sumisión. Su obediencia los convirtió en instrumentos de una estrategia divina. La batalla demostró que el poder de Dios se perfecciona en la debilidad, una verdad que Pablo luego repetiría en 2 Corintios 12:9.

Para el cristiano en servicio hoy, la historia de Gedeón recuerda que la eficacia en el ejército de Dios no se mide por números, rango ni reconocimiento. Unos pocos fieles pueden cambiar el rumbo de la historia cuando Dios es su comandante. En tiempos de confusión moral o desafío ético, mantenerse firme—aunque superado en número—se convierte en el campo de batalla donde se prueba la fe.

El valor de Gedeón no comenzó en el campo; comenzó en el corazón. Derribó el altar a Baal de su padre antes de liderar a Israel en combate. Su primer acto de guerra fue espiritual, no físico. De igual manera, para el creyente con uniforme, la verdadera batalla comienza en la obediencia privada antes de expresarse en el deber público. El uniforme puede distinguir a los soldados por rama o rango, pero la fe los distingue por propósito.

Los 300 de Gedeón nos recuerdan que el guerrero creyente nunca se define por las estadísticas, sino por la rendición. Cuando Dios decide usar una fuerza pequeña para lograr una gran liberación, prueba una vez más que la victoria le pertenece solo a Él.

La Derrota en Hai — Cuando el Pecado Socava la Estrategia

Si la historia de Gedeón celebra la fe, la derrota en Hai expone su opuesto: la desobediencia. Tras la caída de Jericó, Israel estaba confiado. Su moral estaba en alto; sus enemigos los temían. El siguiente objetivo, Hai, parecía pequeño y débil. Josué envió solo unos pocos miles de soldados, seguro de que la batalla sería fácil. Pero en lugar de victoria, ocurrió un desastre. Israel huyó humillado y treinta y seis hombres murieron en la retirada. Josué cayó al suelo clamando en confusión: "¿Por qué hiciste pasar a este pueblo el Jordán?" (Jos. 7:7).

La razón de la derrota pronto salió a la luz. Un hombre llamado Acán había tomado en secreto oro, plata y un manto de Jericó—objetos que Dios había declarado "anatema." Su pecado privado tuvo consecuencias nacionales. El Señor dijo a Josué: "Israel ha pecado; han quebrantado mi pacto" (7:11). Una vez confrontado y eliminado el pecado, Israel volvió a la batalla y venció fácilmente.

La derrota en Hai enseña una lección aleccionadora: ninguna habilidad militar puede compensar el compromiso moral. La desobediencia corroe la disciplina; el pecado oculto debilita a todo el cuerpo. Para el creyente en el ámbito militar, la integridad no es opcional—es armadura. Dios no bendice una victoria construida sobre corrupción. Un solo acto de deshonestidad, injusticia o abuso de autoridad puede deshacer el esfuerzo de muchos. El contraste entre Jericó y Hai es impactante. En Jericó, el pueblo obedeció y triunfó; en Hai, presumieron y fracasaron. La diferencia no fue táctica—fue espiritual. Dios usa tanto la victoria como la derrota para refinar a Su pueblo, recordándoles que el éxito sin rectitud no es éxito en absoluto.

Para los creyentes que sirven en el ejército, esta verdad tiene una relevancia particular. El mundo valora resultados sobre integridad. Sin embargo, el guerrero creyente entiende que la presencia de Dios, no la ausencia de obstáculos, determina el éxito. Una derrota moral puede herir más profundamente que una física, y el arrepentimiento es el único camino hacia la restauración.

Lecciones de la Victoria y la Derrota

- *La fe requiere vulnerabilidad.* Como Gedeón, debemos permitir que

Dios nos despoje de aquello que nos hace autosuficientes. La fuerza en Su servicio comienza a menudo con la rendición. Ya sea un equipo pequeño en el campo o un creyente que permanece solo por la verdad, el poder de Dios brilla con más fuerza a través de la debilidad humana.

- *La desobediencia pone en peligro la misión.* El pecado oculto de Acán nos recuerda que la santidad no es una propiedad privada: afecta a toda la comunidad. Para quienes están en servicio militar, la integridad resguarda más que la reputación personal; protege la confianza colectiva y el favor divino.
- *La victoria no es prueba de la aprobación de Dios.* El éxito temprano de Israel en Jericó los tentó a asumir que las futuras victorias estaban garantizadas. Dios a veces permite retrocesos para recordar a Su pueblo que la dependencia debe ser continua, no ocasional.
- *La pérdida puede ser una lección.* El creyente que fracasa pero se arrepiente aprende más sobre la gracia que quien gana sin reflexionar. La derrota, en manos de Dios, se convierte en un aula para la humildad.

Las historias de Gedeón y Hai ilustran que Dios obra a través de guerreros que valoran la obediencia por encima de la victoria. Servir en el ejército ofrece a los creyentes un escenario viviente para esa verdad. Así como Gedeón aprendió que la confianza triunfa sobre los números, los miembros cristianos en servicio deben apoyarse en la fe cuando enfrentan desafíos morales y espirituales.

La derrota en Hai recuerda al creyente que servir uniformado no se trata solo de valentía, sino de carácter. La fuerza externa de un soldado debe reflejar su integridad interior. Dios honra a quienes sirven con rectitud, humildad y dependencia de Él. Cuando los creyentes eligen servir, entran en una paradoja divina: luchar por la paz, proteger la vida mediante la disciplina y enfrentar el mal con humildad. Cada misión se convierte en una oportunidad para demostrar que el reino de Dios avanza no solo mediante la adoración en santuarios, sino también a través de la fidelidad en los campos de batalla. El registro bíblico del combate prueba que Dios no abandona a los guerreros—los moldea. A algunos los fortalece a través de la victoria; a otros los refina a través de la pérdida. Pero todos los que confían en Él aprenden la misma lección: la obediencia es la mayor arma del creyente, y la fe, su defensa más segura.

El Guerrero Supremo: De Batallas Santas a Carácter Santo

La historia del combate en las Escrituras comienza y termina con Dios mismo. Mucho antes de que Josué levantara una espada o David lanzara una piedra, la Biblia presenta al Señor como el comandante de los ejércitos—Yahweh Sabaoth, el "Señor de los Ejércitos." Desde el Mar Rojo hasta Apocalipsis, Él es retratado como un Dios que lucha no por malicia, sino por misericordia; no para destruir indiscriminadamente, sino para preservar la justicia. En Éxodo 15:3, Moisés canta: "El Señor es guerrero; el Señor es su nombre." Esta revelación no es un pensamiento secundario; es fundamental para entender la justicia divina. Dios pelea cuando el mal amenaza Su creación. Sus guerras nunca nacen de la codicia o la venganza, sino de la santidad. Mientras que los conflictos humanos a menudo surgen del orgullo, el territorio o el poder, la guerra divina fluye del amor—amor que se niega a permitir que el mal reine sin oposición.

Los Salmos repiten esta realidad constantemente. "Adiestra mis manos para la batalla, mis brazos para tensar el arco de bronce" (Sal. 18:34).

La confesión de David capta tanto la humildad como el empoderamiento: la habilidad del guerrero es en sí misma un regalo de Dios. Para el creyente uniformado, esto significa que incluso la excelencia táctica, la disciplina y la preparación pueden ser actos de mayordomía. El servicio militar se convierte en una extensión del orden divino—restaurando la paz mediante la justicia, la fuerza y el coraje moral.

Cuando Dios Peleó Solo

Hubo momentos en los que Dios eligió actuar sin ayuda humana, recordando a Su pueblo que su supervivencia no dependía únicamente de sus ejércitos, sino de Su soberanía. Uno de esos eventos ocurrió durante el reinado del rey Josafat. Rodeado por una coalición de moabitas, amonitas y edomitas, Judá enfrentaba probabilidades abrumadoras. El rey oró públicamente: "No sabemos qué hacer, pero nuestros ojos están puestos en ti" (2 Crón. 20:12, NVI).

En respuesta, Dios declaró por medio de Su profeta: "No tengan miedo ni se desalienten al ver ese gran ejército, porque la batalla no es de ustedes, sino de Dios" (v. 15). Al día siguiente, el ejército marchó—pero no con armas al frente. En su lugar, cantores encabezaban la procesión, alabando a Dios. Mientras adoraban, los ejércitos enemigos se volvieron unos contra otros en confusión hasta que no quedó ninguno.

La victoria de Josafat no se ganó con espadas, sino con rendición. La primera línea de batalla se convirtió en un coro, y las armas de guerra fueron himnos de fe. Dios peleó solo, demostrando una vez más que Su fuerza no depende del poder humano. Para los creyentes que sirven en el ejército, este pasaje nos recuerda que, incluso dentro de una institución de fuerza, la dependencia de Dios sigue siendo la mayor defensa. El guerrero creyente debe recordar que el éxito no se mide por la potencia de fuego, sino por la fidelidad. El poder de Dios a menudo se manifiesta con mayor claridad cuando Su pueblo reconoce sus límites.

La historia de Josafat también redefine el coraje. El coraje no es simplemente correr hacia el peligro—es adorar en medio de él. El creyente que se arrodilla antes de la batalla demuestra la forma más profunda de fortaleza: la sumisión al Comandante supremo.

Cristo y la Transformación de la Guerra

Cuando Cristo entró al mundo, no borró la imagen de la guerra; la transformó. El Mesías no vino con ejércitos, sino con autoridad; no con legiones de ángeles, sino con la cruz. Su campo de batalla no fue la llanura de Meguido, sino la colina del Calvario. Allí libró la guerra final y más grande—no contra naciones, sino contra el pecado y la muerte.

El apóstol Pablo capturó esta transformación cuando escribió: "Porque nuestra lucha no es contra seres humanos, sino contra poderes, contra autoridades, contra potestades que dominan este mundo de tinieblas"

(Efes. 6:12, NVI). Las armas de esta nueva guerra ya no eran espadas ni escudos, sino verdad, justicia, fe y oración. Sin embargo, la imagen del guerrero permaneció—porque el conflicto espiritual es tan real como el combate físico.

En Apocalipsis 19, Cristo regresando es retratado como un guerrero conquistador: "Con justicia juzga y pelea... En su manto y sobre su muslo lleva escrito este nombre: REY DE REYES Y SEÑOR DE SEÑORES." El mismo Jesús que enseñó la paz también ejecuta la justicia. Este equilibrio entre misericordia y juicio define el corazón de la guerra divina.

Para el creyente en el ejército, el ejemplo de Cristo trae claridad: el servicio no se trata de dominación, sino de redención. El uniforme se convierte en símbolo no solo de defensa nacional, sino de orden divino—de estar en la brecha entre el caos y la paz. El guerrero creyente sirve como un recordatorio viviente de que la paz sin justicia es frágil, y la justicia sin amor está incompleta.

Pelear con rectitud es imitar al Salvador que luchó contra el mal no para destruir a la humanidad, sino para salvarla. Su grito de guerra no fue "conquistar", sino "perdonar". Y aun así, el perdón fue una forma de guerra—una que desarmó los poderes del infierno.

El Espíritu Guerrero del Creyente

Aunque los creyentes modernos quizás no marchen a campos de batalla llenos de sangre y polvo, aún libran guerras diarias—contra la desesperanza, la injusticia, la tentación y el compromiso moral. El soldado de la fe porta espada y espíritu, disciplina y devoción. Todo creyente, ya sea con uniforme o en la vida civil, está alistado en este ejército espiritual, llamado a resistir el mal y defender lo bueno.

Para quienes sirven en las fuerzas armadas, este llamado lleva un doble peso. Su profesión encarna tanto la defensa física de la libertad como la defensa espiritual de la verdad. La misma valentía necesaria para enfrentar a un enemigo visible se requiere para confrontar a los enemigos invisibles: la duda, el miedo y la decadencia moral.

El guerrero cristiano entiende que entrenar el cuerpo sin entrenar el alma lleva al desequilibrio. Como escribió el apóstol Pablo: "El ejercicio físico es de algún provecho, pero la piedad es útil para todo" (1 Tim. 4:8). Por lo tanto, el creyente con uniforme debe cultivar tanto la preparación como la rectitud. La fe no debilita al soldado—lo completa.

En cada despliegue, ejercicio o misión, el guerrero creyente se presenta como testimonio de que Dios aún llama a Su pueblo a lugares de conflicto, no para perpetuar la violencia, sino para frenarla. Su servicio es un acto de mayordomía—preservando la vida, protegiendo al inocente y modelando integridad en sistemas muchas veces marcados por la corrupción o el compromiso moral. De esta manera, el servicio del creyente refleja la propia misión de Dios: traer orden del caos.

Desde Éxodo hasta Apocalipsis, la Escritura presenta una verdad constante: Dios no es pacifista frente al mal. Es un Dios de paz que pelea por la justicia. Cuando los creyentes entran al servicio militar con corazones orantes y motivos puros, no están abandonando su fe; la están extendiendo hacia uno de los escenarios más difíciles del mundo.

Así como Dios levantó a Gedeón, Josué, David y muchos otros para estar entre la destrucción y la liberación, aún llama a hombres y mujeres de fe para servir con valentía y compasión. El servicio militar se convierte en un acto de discipulado cuando es guiado por la convicción moral y el amor por la humanidad.

El creyente moderno que se pone el uniforme no lo hace para glorificar el conflicto, sino para encarnar la justicia de Cristo en un mundo quebrantado. Cada misión, cada sacrificio y cada acto de servicio hace eco de la verdad antigua cantada por Moisés: "El Señor es guerrero; el Señor es su nombre."

Al final, cada batalla—espiritual o física—nos recuerda que la victoria no pertenece a quienes tienen la espada más afilada, sino a quienes tienen el corazón más puro. El guerrero creyente, como sus antecesores bíblicos, lucha no para destruir, sino para proteger, restaurar y revelar que incluso en medio de la guerra, Dios sigue siendo amor.

CAPÍTULO 8

Entrenamiento Militar vs Espiritual

LA VIDA ES UN CAMPO DE BATALLA, requiere resiliencia, disciplina y un compromiso inquebrantable para soportar los desafíos. Todo infante de marina entiende que la transformación de civil a guerrero no ocurre de la noche a la mañana. Se forja a través de semanas de entrenamiento implacable, dificultades y pruebas que empujan a los reclutas más allá de sus límites percibidos.

Esta experiencia refleja el viaje espiritual del creyente. La vida cristiana no es un camino de comodidad y facilidad—es un curso riguroso que exige perseverancia, fe y obediencia. Así como los marines deben soportar el campamento de entrenamiento para ganarse el título, los creyentes deben atravesar las pruebas de la vida para recibir su recompensa final cuando Cristo regrese.

En este capítulo compartiré mi experiencia personal en el campamento de entrenamiento del Cuerpo de Marines en 2003, trazando un paralelo entre la intensa formación que me moldeó como guerrero y la preparación espiritual que nos forma como creyentes. Las 13 semanas de entrenamiento que me transformaron de un joven en crisis a un infante de marina me enseñaron lecciones que aún impactan mi fe hoy en día. Así como tuvimos que ser despojados de nuestro viejo yo para ser reconstruidos como marines, también los creyentes deben ser despojados de su naturaleza pecaminosa para ser transformados a la imagen de Cristo.

LA FORMACIÓN DE UN MARINO: LA TRANSFORMACIÓN DE 13 SEMANAS

El campamento de entrenamiento está diseñado para transformar a los civiles en guerreros. Es un proceso que requiere que los reclutas se desprendan de su antiguo yo, sean reconstruidos desde cero y emerjan como marines disciplinados. Esta transformación ocurre en tres fases clave—un proceso que también refleja el camino de la fe.

Fase 1: La Deconstrucción (Semanas 1–4)

Desde el momento en que llegamos a Parris Island, ya no teníamos control sobre nuestras propias vidas. Los instructores de entrenamiento se aseguraron de ello. En cuanto bajamos del autobús, estalló el caos. Los Instructores de Entrenamiento (DIs) gritaban órdenes, exigían obediencia absoluta y dejaron claro que nuestras viejas identidades habían desaparecido.

Todavía recuerdo estar de pie sobre las famosas huellas amarillas, escuchando las órdenes que dictarían los próximos tres meses de mi vida. Todo lo que había conocido—mi nombre, mi independencia, mi sentido de identidad—estaba siendo despojado. Durante las primeras cuatro semanas, no se nos permitía referirnos a nosotros mismos como "yo" o "mí". En su lugar, teníamos que decir: "Este recluta solicita permiso para hablar, señor".

El entrenamiento físico era implacable. Los instructores controlaban cada aspecto de nuestras vidas. Éramos forzados a correr por las mañanas, hacer horas de flexiones, completar cursos de obstáculos y soportar una privación extrema de sueño. El objetivo no era solo entrenar nuestros cuerpos—era reformar nuestras mentes, borrar el pensamiento egoísta e inculcar una nueva mentalidad de disciplina y obediencia.

Paralelo Espiritual: La Ruptura del Viejo Yo

El primer paso en el camino cristiano es la ruptura del viejo yo. El apóstol Pablo lo explica claramente en 2 Corintios 5:17: "Si alguno está en Cristo, nueva criatura es; las cosas viejas pasaron; he aquí, todas son hechas nuevas".

Así como el campamento de entrenamiento desmantela los viejos hábitos e identidad de un recluta, la fe también exige que dejemos atrás nuestro pasado. Venir a Cristo no se trata de añadir religión a nuestras vidas—se trata de transformación. Nuestros hábitos pecaminosos, el orgullo y los deseos egoístas deben ser eliminados, y debemos someternos por completo al proceso de renovación de Dios.

Jesús mismo enfatizó esto en Lucas 9:23: "El que quiera ser mi discípulo, niéguese a sí mismo, tome su cruz cada día y sígame". Negarse a uno mismo no es fácil. Significa renunciar a nuestras ambiciones personales y abrazar el propósito de Dios, así como un recluta debe someterse a la autoridad de los instructores de entrenamiento.

Fase 2: LA Reconstrucción (Semana 5–9)

Después de desarmarnos, el Cuerpo de Marines comenzó a reconstruirnos. Las primeras semanas nos habían despojado de nuestra individualidad, pero ahora estábamos aprendiendo a funcionar como una unidad. Cada lección reforzaba la idea de que ya no éramos individuos—éramos un equipo.

Pasamos semanas perfeccionando nuestras habilidades de puntería, aprendiendo estrategias de combate y entrenando para escenarios de guerra. Nuestros cuerpos se fortalecieron, nuestra resistencia aumentó. Sin embargo, la transformación más grande ocurrió en nuestras mentes. Ya no pensábamos en nosotros mismos—pensábamos en la misión y en quienes luchaban a nuestro lado.

Una de las lecciones más importantes que aprendimos fue a confiar en nuestra unidad. Ningún Marine pelea solo. Nuestra supervivencia y éxito dependían de la confianza absoluta en los demás.

Paralelo Espiritual: Entrenamiento en Justicia

Así como los Marines deben ser entrenados para la batalla, los cristianos también deben ser entrenados para la guerra espiritual. 1 Timoteo 4:7-8 dice: "Ejercítate para la piedad; porque el ejercicio corporal para poco es provechoso, pero la piedad para todo aprovecha, pues tiene promesa de esta vida presente, y de la venidera".

El crecimiento espiritual no ocurre por accidente—requiere disciplina, estudio y comunidad. Un cristiano que se aísla es como un soldado sin unidad—vulnerable al ataque. La Biblia enfatiza repetidamente la importancia del compañerismo en el entrenamiento espiritual: "El hierro con hierro se aguza; y así el hombre aguza el rostro de su amigo." (Proverbios 27:17)

Así como los Marines entrenan junto a sus hermanos y hermanas, los cristianos deben rodearse de otros creyentes que desafíen y fortalezcan su fe.

Fase 3: La Prueba Final (Semanas 10–13)

Después de meses de entrenamiento riguroso, enfrentamos La Crucible, una prueba de 54 horas que determinaría si éramos dignos del título de Marine. Esta fue la experiencia más agotadora del campamento de entrenamiento, diseñada para empujarnos más allá de nuestros límites mentales, físicos y emocionales. Durante La Crucible, cargamos mochilas de 80 libras, corrimos millas sin comida ni sueño, completamos ejercicios de combate, y fuimos forzados a depender de nuestro entrenamiento bajo una presión extrema.

Cuando finalmente alcanzamos la última marcha conocida como "El Segador", el agotamiento y el hambre hacían que cada paso se sintiera imposible. Pero en la cima de esa colina final, nuestros Instructores de

Entrenamiento nos presentaron el Águila, el Globo y el Ancla—el símbolo del Cuerpo de Marines de los Estados Unidos.

En ese momento, todo el sufrimiento, todo el agotamiento, toda la lucha—valió la pena. Habíamos ganado el título de Marine.

Paralelo Espiritual: La Recompensa Suprema

La vida misma es una Crucible espiritual. Está llena de pruebas, dificultades y desafíos que ponen a prueba nuestra fe. Pero si perseveramos, la recompensa es eterna. Pablo compara la vida cristiana con una carrera que debe terminarse: "He peleado la buena batalla, he acabado la carrera, he guardado la fe. Por lo demás, me está guardada la corona de justicia, la cual me dará el Señor, juez justo, en aquel día." (2 Timoteo 4:7-8)

Así como La Crucible pone a prueba a los reclutas para ver si están listos para ser Marines, las pruebas de la vida examinan a los creyentes para ver si son fieles a Cristo. Nuestra recompensa no es un emblema de Marine, sino algo infinitamente mayor: "Sé fiel hasta la muerte, y yo te daré la corona de la vida." (Apocalipsis 2:10).

El Camino de la Resistencia

Al mirar atrás, ahora veo que mi experiencia en el campo de entrenamiento no fue solo para convertirme en Marine—fue para prepararme para la vida misma.

- Me enseñó disciplina—así como la fe requiere compromiso diario.
- Me enseñó hermandad—así como la fe requiere comunión.
- Me enseñó perseverancia—así como la fe requiere resistir hasta el final.

Para cualquiera que esté luchando en su fe, recuerda:

1. Dios te está entrenando – Las pruebas que enfrentas te están

preparando para algo más grande.

2. No estás solo – Así como los Marines dependen de su unidad, los creyentes deben depender de su familia espiritual.

3. La recompensa vale la pena – Si permanecemos fieles, Cristo regresará un día para coronarnos con la victoria eterna.

Así como obtuve el título de Marine de los Estados Unidos, un día recibiremos nuestra recompensa final cuando Jesús regrese, dándonos la bienvenida al Reino de los Cielos. Hasta entonces, seguimos adelante—soportando el entrenamiento espiritual de la vida con fe, valor y perseverancia.

Mi camino no fue limpio. No fue lineal. Pero fue santo. Y el tuyo también puede serlo.

Quiero hablar directamente a alguien que esté leyendo esto y piense: "Ya es demasiado tarde para mí." No lo es. Si Dios esperó por mí, esperará por ti. Si Él redirigió a Moisés en una zarza ardiente, puede encontrarte en tu sala, tu barraca, tu auto. Si usó mis fracasos para moldearme en un ministro, puede usar los tuyos para dar a luz algo hermoso.

No tienes que ser perfecto para ser llamado. Solo tienes que estar dispuesto.

La Fidelidad de Dios, No la Mía

En el corazón de este capítulo no está mi disciplina, mi lealtad ni mi obediencia final. En el centro de esta historia está la fidelidad de Dios. Es Su disposición a esperar. Su compromiso de perseguirme. Su negativa a soltarme, incluso cuando yo lo hice. Es Su gracia implacable la que atravesó mi rebeldía, mi confusión e incluso mi orgullo para recordarme que Él termina lo que comienza.

Así que cuando hoy uso mi uniforme—ya sea clerical o militar—no es una insignia de mis logros. Es un símbolo de Su paciencia. Su misericordia. Su visión. No soy pastor porque lo merezco. Soy pastor porque Dios cumplió Su promesa.

Y todavía lo hace.

Entrenamiento Físico

Recuerdo la primera vez que me di cuenta de que no estaba listo para la guerra. No ocurrió en una zona de combate con balas silbando sobre mi cabeza. No fue durante una emboscada ni cuando apuntaba al enemigo a través de una mira de hierro. No — mi confrontación llegó mucho antes, en un momento mucho menos cinematográfico. Solo estaba yo, una ardiente explanada de concreto, y el peso inconfundible de mi propia falta de preparación.

Acababa de bajar del autobús en el Depósito de Reclutas del Cuerpo de Marines. La bienvenida fue tan cálida como se esperaba—gritos atronadores, órdenes implacables y un torbellino de movimiento que nos despojó de cada pedazo de identidad civil a la que nos aferrábamos. Mi nombre desapareció, reemplazado por "Recluta". Mi ropa fue cambiada por el uniforme reglamentario. Mi cabello desapareció en cuestión de minutos. Mi sentido de comodidad y control se desvaneció con él. Todo lo que conocía fue reemplazado por un sistema que no se preocupaba por quién era—solo por quién llegaría a ser.

El Dolor de la Primera Carrera

Esa primera noche, fuimos introducidos a la Prueba de Fuerza Inicial — el IST. Fue nuestra primera evaluación física, una prueba de fuego para determinar si teníamos lo necesario para sobrevivir los meses que se avecinaban. Me quedé en la fila observando a los reclutas intentando hacer dominadas, abdominales y correr con cada gramo de esfuerzo que les quedaba. Algunos se veían sólidos; otros ya parecían lamentar haberse bajado del autobús.

Pensé que me iría bien. Había levantado pesas en casa. Corría en la caminadora. Hacía flexiones cuando me acordaba. Pensé que estaba en forma.

Me equivoqué.

Cuando llegó mi turno, agarré la barra de dominadas y sentí que mis brazos pesaban más de lo normal. El instructor gritó: "¡Empiece!" Logré hacer nueve dominadas — apenas superando el mínimo requerido. Me ardían los brazos. Mi orgullo dolía más. Las abdominales fueron manejables, pero nada impresionante. Alcancé poco más de ochenta en dos minutos. Luego vino la carrera — una milla y media que se sintió como un maratón envuelto en humillación.

Salí demasiado rápido, tratando de probar algo. En el primer medio kilómetro ya jadeaba. Mi zancada se acortó. Marinos la mitad de mi tamaño pasaban a mi lado con ritmo constante. Una de las reclutas de otro pelotón gritaba el paso mientras me rebasaba, su voz firme, sus pasos marcados. Yo jadeaba. Mi visión se cerraba. Crucé la línea de meta con un tiempo que apenas aprobaba. Me temblaban las piernas, me ardían los pulmones y mi ego estaba hecho trizas.

Esa noche, acostado en la litera superior bajo el zumbido de las luces fluorescentes, miré el techo y luché con algo más profundo que la fatiga física. Mi cuerpo dolía, sí. Pero lo que más me molestaba era darme cuenta de que había llegado sin preparación — no solo físicamente, sino también espiritualmente.

Había llegado al campamento apoyándome en una fuerza superficial — tanto corporal como del alma. Había orado antes de salir de casa. Le pedí a Dios que me cuidara. Dije las palabras correctas. Pero ahora, en este crisol de fuego y sudor, me di cuenta de lo superficial que había sido mi preparación. Había subestimado lo que se requeriría de mí. Y ese momento, acostado de espaldas con los músculos adoloridos y el orgullo herido, se convirtió en un punto de inflexión. No solo quería aprobar — quería estar listo. Quería estar en forma.

El Cuerpo de Marines no necesitaba que yo fuera impresionante. Necesitaba que fuera confiable. Que pudiera resistir.

Y lo mismo es cierto para el Reino de Dios.

1 Timoteo 4:8 dice: "Porque el ejercicio físico sirve de poco, pero la piedad es útil para todo, ya que tiene promesa para la vida presente y la

piedad es útil para todo, ya que tiene promesa para la vida presente y la venidera." Ese versículo cobró nuevo significado para mí esa noche. La fuerza física importa en los Marines — porque de ella dependen vidas. Pero la fuerza espiritual? Esa es la línea de vida de la eternidad. Si no podía cargar mi propio cuerpo en una carrera, ¿cómo iba a cargar a mis hermanos en combate? Y más aún — si no podía cargar mi cruz, ¿cómo podría ayudar a alguien más a cargar la suya?

El IST fue un espejo, y lo que reflejó no fue solo debilidad física. Fue un llamado de atención espiritual. Una advertencia de que había tratado la preparación como un pasatiempo en lugar de un estilo de vida. Había sido casual con cosas que debían recibir mi atención total.

La disciplina en los Marines no es una sugerencia — es un mecanismo de supervivencia. De la misma forma, la disciplina espiritual no es un lujo — es la diferencia entre crecer o estancarse, entre mantenerse firme o caer cuando llegan las pruebas.

Esa noche, no oré para que el entrenamiento fuera más fácil. No le pedí a Dios que aligerara la carga. Le pedí que me formara en alguien capaz de llevarla. Le pedí que derribara las partes de mí que se habían vuelto perezosas, suaves o con derecho — las partes que habían confundido la comodidad con la fortaleza y la conveniencia con el compromiso.

Le pedí que me hiciera estar listo — no solo para el Cuerpo de Marines, sino para la guerra que se libra en cada corazón y en cada momento de la vida.

Si el entrenamiento iba a doler, quería que doliera en la dirección correcta. Si iba a sudar, que fuera el sudor que construye algo sólido. Si iba a ser quebrantado, que fuera de una manera que colocara el fundamento para algo más fuerte — algo que no colapsara cuando llegaran las tormentas.

Romanos 5:3–4 cobró vida en esos primeros días. "Y no solo esto, sino que también nos gloriamos en las tribulaciones, sabiendo que la tribulación produce paciencia; y la paciencia, carácter probado; y el carácter probado, esperanza." Empecé a entender que el enemigo no era el sufrimiento — era la flojera. El enemigo no era el dolor — era la complacencia.

Ese fue el comienzo de un cambio de mentalidad. Empecé a ver cada dominada, cada carrera, cada jadeo agotado no como un castigo — sino como una preparación. No como miseria — sino como formación.

El entrenamiento físico exigía todo. Y comencé a darme cuenta de que la vida cristiana no era diferente. Las apuestas eran aún mayores.

El Cuerpo de Marines me preparaba para defender mi país. Dios me preparaba para defender algo eterno. Y ambos exigían que dejara de vivir como si el esfuerzo fuera opcional.

Esa primera carrera no solo rompió mi ritmo — rompió mi ilusión.

Y en esa ruptura, Dios comenzó a construir algo que yo nunca podría haber construido por mi cuenta.

Me alisté en el Cuerpo de Marines. Solo llevaba unos cinco años viviendo en el estado de Maryland, lo que significaba que solo llevaba ese tiempo aprendiendo el idioma inglés y no era tan competente como hubiera querido. Todavía lidiaba con el choque cultural y con adaptarme a las costumbres estadounidenses.

Aunque había terminado tres años de escuela secundaria y podía entender partes de una conversación con alguien, aún no estaba en condiciones de unirme a una fuerza militar. El ejército no era una opción para mí. Mi inglés crudo me descalificaba para ser militar, mucho menos Marine. Apenas podía entender a la gente hablando en las películas, mucho menos entender una orden de un instructor, o peor aún, una llamada de auxilio en el campo de batalla.

Colapsos del Entrenamiento Básico

Cada día en el campamento de entrenamiento se sentía como una prueba. No solo del músculo, sino de la mente. De la voluntad. Del espíritu. No había escape de la intensidad — no había espacio para excusas. Desde el momento en que el toque de diana rompía el silencio antes del amanecer, estábamos en movimiento. Corriendo. Cargando. Sosteniendo posiciones. Siendo gritados. Sudando a través del uniforme antes de que la mayoría de los estadounidenses siquiera abriera los ojos.

CAPÍTULO 8: ENTRENAMIENTO MILITAR VS ESPIRITUAL

Lo que más me sorprendió no fue qué tan difícil era físicamente — fue qué tan implacable era.

No había pausas, no había reinicio. Simplemente seguías adelante.

La idea era simple: romperte, y luego reconstruirte. Pero el Cuerpo de Marines no construye a partir de escombros. Ellos quieren una base. Quieren potencial en bruto que se niegue a rendirse. Empecé a ver a los instructores de manera diferente — no solo como verdugos, sino como el fuego que forja algo más fuerte a partir de algo blando. No les importaba qué tan rápido podías correr en el primer día. Les importaba si todavía podías correr en la semana diez con un fusil, una mochila llena y veinte millas de tierra bajo tus botas. Les importaba la resistencia.

Y en ningún lugar eso se hizo más evidente que durante nuestra Prueba de Aptitud Física — el PFT.

A diferencia del IST, el PFT era la verdadera medida. No solo evaluaba si podías sobrevivir al entrenamiento básico, sino si podías rendir como un Marine debía hacerlo en un escenario real de combate. Los estándares eran precisos: dominadas, abdominales y una carrera de 3 millas. Para obtener la puntuación máxima, debías completar 23 dominadas, realizar 115 abdominales en menos de dos minutos y correr las tres millas en exactamente 18 minutos. Había categorías por edad y género, claro, pero las expectativas eran universales: llega preparado, o no llegues.

La preparación para esa prueba me empujó más allá de cualquier límite que hubiera enfrentado antes. Dominadas en el foso de arena hasta que mis brazos se rindieran. Abdominales hasta que se me trabaran los músculos. Carreras antes del desayuno, después de la cena, durante las guardias nocturnas. No había escapatoria a la expectativa de que seríamos mejores que el día anterior. Empecé a comprender algo profundo: el cuerpo crece cuando se le somete a estrés constante. El alma no es diferente.

A los cristianos les encanta la comodidad, pero olvidan que el crecimiento viene de la resistencia. Es la prueba la que refina la fe. Es la presión la que revela la convicción. Sin sufrimiento, no se puede construir la resistencia. Y sin resistencia, no terminarás la carrera — ni en la guerra, ni en la fe.

Hebreos 12:1 nos ordena: "Corramos con paciencia la carrera que tenemos por delante." Eso suena poético hasta que tus pulmones arden y tus piernas te suplican que te detengas. La resistencia suena noble hasta que entras en una temporada espiritual donde las respuestas no llegan, donde las tentaciones aumentan, donde las pruebas se acumulan y Dios parece guardar silencio.

Pero esa es la prueba. Y siempre se aprueba o se reprueba.

Vi a buenos hombres desmoronarse en el entrenamiento, no porque no fueran físicamente fuertes, sino porque no estaban preparados para el dolor. No esperaban que la prueba fuera tan implacable. Un recluta parecía una estatua. Parecía salido de un cartel de fisicoculturismo — pero no podía correr. No podía cargar peso a larga distancia. Su cuerpo era fuerte, pero no estaba condicionado. Falló la carrera dos veces, y cuando quedó claro que no pasaría, lo bajaron a otro pelotón. Nunca lo volvimos a ver.

Él me enseñó algo sin decir una palabra. Puedes parecer un guerrero por fuera y aun así ser débil donde más importa.

Esa lección me persiguió por días. ¿Cuántos cristianos caminan con una apariencia fuerte — versados en las Escrituras, bien vestidos para el domingo, fluidos en el lenguaje de la iglesia — pero nunca han entrenado su alma para la guerra? ¿Qué pasa cuando son golpeados por el duelo? ¿Cuando Dios dice "espera" en lugar de "avanza"? ¿Cuando la tentación golpea por milésima vez?

Se desmoronan. Se apagan. Retroceden — no porque no creyeran, sino porque no se prepararon. Confundieron conocimiento con fuerza. Pero la fuerza, tanto en la guerra como en la fe, se mide en la lucha — no en la fachada.

El entrenamiento no solo me enseñó a hacer flexiones. Me enseñó a dejar de confiar en la ilusión de estar listo. Me enseñó que no podía llegar a la victoria con el esfuerzo de ayer. Cada día era una decisión: avanzar o ser empujado hacia atrás. Crecer o ser descartado.

Nuestros instructores eran implacables, pero no sin razón. Una mañana, después de una brutal sesión de ejercicio bajo la lluvia, uno de ellos se paró frente a nosotros, empapado y serio. Dijo: "Si colapsas, alguien más muere. Si te retrasas, tu equipo sufre. Si te caes, tu compañero carga tu mochila. No entrenas por ti. Entrenas para que alguien más viva."

Eso me golpeó diferente.

Comprendí que esa misma verdad existe en nuestro caminar con Cristo. Tu condición espiritual no es solo para ti. Cuando estás fuerte en la fe, estás mejor preparado para animar a tu hermano. Cuando estás disciplinado en la Palabra, disciernes más rápido las mentiras. Cuando te entrenas en la oración, estás listo para interceder por otros cuando ellos están demasiado rotos para hablar.

Gálatas 6:2 dice: "Ayúdense unos a otros a llevar sus cargas, y así cumplirán la ley de Cristo." Pero no puedes cargar lo que eres demasiado débil para levantar. Eso incluye el duelo, la duda y la rendición de cuentas. Si queremos ser guerreros en el Reino, tenemos que entrenar como tal.

El PFT me empujó más allá de lo que pensé que podía soportar. No obtuve una puntuación perfecta, pero pasé con todo lo que tenía. Y por primera vez, no me importaba lucir impresionante. Me importaba estar listo. No solo para el combate — sino para las batallas espirituales que un día vendrían, sin aviso y sin tregua.

El entrenamiento me rompió. Pero en esa ruptura, comencé a ver lo que Dios estaba tratando de construir.

Condicionamiento de Combate y la Guerra Espiritual

Después de graduarme, pensé que la parte difícil había terminado. Había superado el entrenamiento. Había ganado el título. Había permanecido firme durante la ceremonia del Águila, Globo y Ancla, con lágrimas en los ojos y fuego en el pecho. Pero, como cualquier Marine te dirá, obtener el título es solo el comienzo. No te conviertes en un combatiente al graduarte — te conviertes en uno en el Entrenamiento de Combate del Cuerpo de Marines.

MCT es donde se quita la máscara de la ceremonia y se reemplaza con la realidad del combate. No hay más discursos motivacionales. No hay más inspecciones ensayadas. Solo armas, tierra, fatiga y aprender a sobrevivir. Cómo moverte bajo fuego. Cómo pensar cuando tu mente está permanecido firme durante la ceremonia del Águila, Globo y Ancla, con lágrimas en los ojos y fuego en el pecho. Pero, como cualquier Marine te dirá, obtener el título es solo el comienzo. No te conviertes en un combatiente al graduarte — te conviertes en uno en el Entrenamiento de Combate del Cuerpo de Marines.

MCT es donde se quita la máscara de la ceremonia y se reemplaza con la realidad del combate. No hay más discursos motivacionales. No hay más inspecciones ensayadas. Solo armas, tierra, fatiga y aprender a sobrevivir. Cómo moverte bajo fuego. Cómo pensar cuando tu mente está nublada por el agotamiento. Cómo mantener con vida a tu compañero cuando estás demasiado cansado para mantenerte en pie.

Te entrenan para operar bajo el caos. Bajo peso. Bajo amenaza. Y, tal vez más importante aún — bajo presión.

Una de las experiencias más reveladoras de ese período fue la Prueba de Aptitud de Combate, o CFT. A diferencia del PFT, que medía la resistencia y fuerza individuales, el CFT se enfocaba en la preparación para el combate. Era rápido. Era violento. Era real.

Así se veía: primero, una carrera de 880 yardas — no solo una corrida, sino una carrera a toda velocidad con botas y uniforme, cronometrada al segundo. Luego, los levantamientos de latas de munición — levantar una lata de 30 libras por encima de la cabeza repetidamente durante dos minutos seguidos. Se espera que hagas la mayor cantidad de repeticiones posible. Tus hombros arden. Tu respiración se acorta. Tu voluntad es probada en cada repetición.

Después viene la peor parte: el curso de maniobra bajo fuego. Te arrastras bajo alambre de púas simulado. Arrastras a tu compañero en un cargamento tipo bombero. Corres esquivando obstáculos imaginarios, haces estocadas entre conos, lanzas una granada ficticia, y terminas con una evacuación de bajas — arrastrando a un compañero Marine el largo de un campo de fútbol, exhausto y aturdido.

No está diseñado para sentirse posible. Está diseñado para imitar el combate — y al combate no le importa si estás cansado.

Durante una iteración, casi me desplomé a la mitad de los levantamientos de lata de munición. Mis hombros se trabaron. Gemía con los dientes apretados. Quería detenerme. Todo en mí gritaba que soltara. Pero junto a mí, otro Marine gritó por encima del ruido: "¡Vamos, hermano! ¡Una más! ¡No pares ahora!"

Esa sola voz encendió algo en mí. Empujé. Una repetición más. Luego otra. Terminé vacío. Me dio una palmada en la espalda después de dejar caer las latas. "Eso es lo que hacemos," dijo. "Nos cargamos cuando estamos a punto de quebrarnos."

Esas palabras se grabaron en mi alma.

Eso es lo que hacemos.

Y no pude evitar pensar: ¿por qué la Iglesia no se parece más a esto?

En ese momento, la aplicación espiritual se volvió tan vívida como el dolor en mi cuerpo. Nos entrenaron para nunca dejar atrás a un Marine, para llevar las cargas unos de otros, para intervenir cuando alguien falla — no para juzgarlo, no para dejarlo atrás, sino para cargarlo.

En la guerra espiritual, no es diferente. Ves a un hermano deslizándose hacia la desesperación, lo agarras. Ves a una hermana flaquear en su fe, intervienes. No esperas a que toquen fondo — cargas su mochila. Hablas vida cuando ellos han guardado silencio. Oras cuando ellos no pueden. Intercedes. Te mueves bajo fuego.

Pero con demasiada frecuencia en la Iglesia, tratamos la debilidad espiritual como una vergüenza — algo que debe ocultarse. Dejamos que la gente se desangre en silencio. Los aislamos en lugar de entrar en la pelea a su lado. Hemos confundido comunidad espiritual con rendimiento, y hemos olvidado que el combate es comunitario.

Efesios 6 nos habla de la armadura de Dios — el cinturón de la verdad, la coraza de justicia, el casco de la salvación, la espada del Espíritu. Es una imagen poderosa. Pero esta es la realidad: toda la armadura del mundo es inútil si la persona debajo no ha entrenado para la guerra. Puedes vestir a un recluta con chaleco antibalas y darle un fusil, pero si nunca ha estado bajo presión — si nunca ha corrido entre disparos, nunca ha sentido el ardor del cansancio, nunca ha aprendido a moverse cuando su mente está nublada y su cuerpo falla — es un riesgo. No un recurso.

Lo mismo ocurre con los creyentes. Puedes citar versículos. Puedes llevar el título. Puedes parecer cristiano. Pero si no estás espiritualmente condicionado — si no has aprendido a adorar cuando el enemigo grita, a confiar cuando las respuestas se demoran, a obedecer cuando te cuesta — caerás en la batalla.

El entrenamiento espiritual no es glamoroso. No sucede el domingo por la mañana en una fila perfecta de bancas. Sucede en las madrugadas cuando abres tu Biblia aunque estés cansado. Sucede en las noches cuando eliges orar en lugar de deslizar la pantalla. Sucede cuando perdonas, cuando te quedas, cuando te sacrificas — todo sin aplausos.

Una noche durante el MCT, hicimos un movimiento nocturno entre la maleza, con todo el equipo puesto, avanzando con brújula y luz roja. Estábamos cansados. En silencio. Enfocados. El cabo que nos guiaba se detuvo en un punto y susurró: "No lo olviden: cuando oscurece, es cuando el enemigo se mueve."

Eso se me quedó grabado.

El enemigo se mueve en la oscuridad — y no solo en el campo de batalla. También en la vida. En los rincones silenciosos de tu mente. En la ira no confrontada. En la convicción ignorada. En el cansancio. Es entonces cuando la lucha se vuelve real. Y si no estás entrenado —si no estás condicionado espiritualmente— no lo verás venir hasta que sea demasiado tarde.

Salí de MCT más fuerte, más delgado, más alerta. Pero también salí más despierto espiritualmente. No porque hubiera memorizado más versículos, sino porque finalmente comencé a vivir lo que decía creer.

Cada carrera, cada levantamiento, cada arrastre bajo alambre de púas me mostró algo sobre mi fe: si no es fuerte bajo presión, entonces no es fuerte en absoluto.

La fe que se derrumba bajo el fuego es solo teoría. Pero la fe que resiste —la fe que arrastra tu alma hacia adelante cuando todo duele— esa es real. Eso es lo que significa estar en forma para la batalla.

Vida en la Flota: Las Verdaderas Batallas Comienzan

Pensé que una vez que llegara a la Flota, la verdadera lucha habría terminado. Había sobrevivido al campamento básico. Conquistado el

CAPÍTULO 8: ENTRENAMIENTO MILITAR VS ESPIRITUAL

Crisol. Arrastrado marines por el polvo en MCT. Había demostrado que podía soportar el dolor, rendir bajo presión y terminar con fuerza. Esperaba que las cosas se volvieran más fáciles.

Pero fue en la Flota donde aprendí algo mucho más peligroso que el dolor: aprendí sobre la complacencia.

En el campamento básico, nos empujaban constantemente. Si eras lento, alguien te corregía. Si flojeabas, lo notaban de inmediato. La disciplina era impuesta. La responsabilidad era automática. Pero una vez que llegué a la Flota, esa presión externa desapareció. Nadie te obligaba a dar la milla extra. Nadie revisaba si estabas entrenando duro, a menos que tú quisieras estar listo. Tenías que elegir la disciplina —o ver cómo te ibas dejando llevar.

Y fue ahí donde muchos marines comenzaron a desmoronarse. No en la guerra. No en el campo. Sino en los cuartos de los barracones, solos, cómodos, ablandados. Vi a hombres que alguna vez corrían millas en seis minutos quedarse sin aliento tras una sola vuelta. Vi marines subir treinta libras en tres meses. No porque fueran flojos —sino porque la urgencia había desaparecido.

Ya no había instructores gritándoles en la cara. No había exámenes en el calendario. Y sin una amenaza visible, dejaron de prepararse para una.

La Flota me enseñó esto: la ausencia de guerra no significa que la guerra haya terminado —solo significa que aún no puedes verla venir.

Y me di cuenta de que lo mismo es cierto para la vida cristiana.

Es fácil ser disciplinado cuando estás en medio de la tormenta. Cuando tienes la espalda contra la pared. Cuando estás luchando por tu matrimonio, tu cordura, tu propósito. Te aferras a la Palabra porque es tu único ancla. Caen tus rodillas al suelo porque nada más tiene sentido. En el fuego, entrenas con intensidad.

Pero ¿qué pasa cuando las cosas van bien?

Cuando las cuentas están pagadas. Cuando nadie está enfermo. Cuando las oraciones están siendo respondidas. Cuando el subidón espiritual se desvanece y no hay una amenaza inmediata, ¿sigues entrenando?

Porque ahí es donde la mayoría de los cristianos caen.

No en la lucha —sino en la comodidad.

Una de las caminatas más duras que he hecho fue durante una operación de campo en California. El sol era implacable. Las mochilas pesaban una tonelada. Avanzábamos en formación por una cresta brutal. A mitad del recorrido, uno de los nuestros se desplomó. Había estado faltando al entrenamiento físico, confiando en que era lo suficientemente

Redistribuimos su equipo y lo sacamos cargado.

Esa caminata se convirtió en una parábola viviente. Un sermón visual. Porque de la misma manera, he visto creyentes derrumbarse bajo presión —no porque no amaran a Dios, sino porque no habían entrenado con Él. No mantenían su condición espiritual. Asumían que la fuerza de ayer los sostendría en la prueba de hoy. Pero la fe no se almacena como latas de comida. Tiene que mantenerse fresca —a diario.

Jesús dijo en Lucas 21:34: "Tened cuidado, no sea que vuestros corazones se carguen de glotonería, embriaguez y de las preocupaciones de esta vida, y aquel día os sorprenda de repente como una trampa."

El enemigo no siempre aparece con cuernos y fuego. A veces se presenta como conveniencia. Distracción. Éxito. Comodidad. Y cuando bajamos la guardia espiritual, no notamos lo lentos que nos hemos vuelto, lo blandos, lo inconscientes.

La complacencia es silenciosa. Por eso es tan letal.

Hubo días en la Flota en los que tenía que arrastrarme fuera de la cama para salir a correr, no porque alguien me lo ordenara —sino porque recordaba cómo se sentía no estar preparado. Quedar sin aliento en la primera carrera. Ser el eslabón más débil.

Y de la misma manera, he aprendido a levantarme temprano y orar. No porque Dios me castigue si no lo hago, sino porque recuerdo lo que se siente enfrentar una prueba sin estar preparado. Estar seco en el espíritu. Estar espiritualmente blando cuando el enemigo llama a la puerta.

1 Corintios 10:12 nos advierte: "Así que, el que se cree firme, tenga cuidado de no caer."

La Flota puede engañarte. La vida puede engañarte. Puede adormecerte con una falsa sensación de seguridad —que ya llegaste, que ya lo lograste, que ya no necesitas entrenar. Pero la verdad es que la condición espiritual nunca se termina. En el momento en que dejas de avanzar, empiezas a retroceder.

La disciplina tiene que volverse personal.

No forzada. No condicional. No impulsada por miedo. Sino por convicción —la convicción de que si dejo de entrenar, me convierto en un riesgo. No solo para mí, sino para otros. Si no soy fuerte, alguien más podría cargar con mi peso. Si no estoy alerta, alguien cercano podría recibir el golpe.

En el Cuerpo entrenamos para no fallarnos en combate. En el Reino, entrenamos para no fallarnos en la prueba.

Y eso fue lo que esto me enseñó —que las batallas reales muchas veces no vienen con balas o explosiones. Vienen en silencio. Lentamente. A través de la erosión de la disciplina y el avance sutil de la comodidad. Vienen cuando olvidamos que en la guerra no hay temporada baja —solo campos de batalla en silencio.

No Apto para la Batalla – Un Riesgo para la Misión

Hay algo aterrador en saber que no estás listo. No solo "incómodo", no solo "fuera de forma", sino fundamentalmente no apto. Lo he visto en los ojos de un compañero marine antes de una caminata para la que no entrenó —esa mirada perdida que dice: puede que no lo logre. No es solo el miedo al fracaso lo que aparece; es el miedo de convertirse en una carga para el equipo. Saber que si tu cuerpo se rinde, alguien más tendrá que cargar con tu peso. Ese miedo se instala en tu estómago como una roca, pesada y silenciosa.

Pero aún más aterrador que no estar preparado físicamente es no estar preparado espiritualmente. Porque en la guerra espiritual, las consecuencias no son dolores musculares ni una graduación tardía —son devastación. Son hogares rotos, llamados perdidos, integridad comprometida y personas cayendo bajo el peso de pruebas para las que nunca fueron entrenadas. He visto a demasiados cristianos abandonar la lucha, no porque no amaran a Dios, sino porque nunca se prepararon para lo que venía.

Entrenamos en el Cuerpo de Marines para no fallar en la misión. Para no costarle la vida a alguien más. Y eso no es solo una frase motivacional —es una realidad en el campo de batalla. Llevas tu peso para que otros no mueran bajo él. Lo mismo aplica en el Reino de Dios. Tu disciplina espiritual no se trata de parecer santo; se trata de ser confiable cuando el enemigo comienza a avanzar. Porque no te equivoques —él siempre lo hace.

Nunca olvidaré la caminata que me enseñó esto. Estábamos a diez millas de distancia, con equipo completo, barro espeso, calor brutal. Uno de los nuestros empezó a desvanecerse —ese tipo de desgaste lento que notas demasiado tarde. No dijo nada. Tal vez fue por orgullo. Tal vez pensó que podía resistir. Pero a mitad de la cresta, se derrumbó. Golpe de calor. Deshidratación. Colapso total. Tuvimos que detener la formación, redistribuir su mochila, llamar al médico y cargarlo el resto del camino. No quería ser una carga. No quería quedar fuera. Pero no se había preparado, y el peso lo alcanzó.

Esa noche, durante el informe, nuestro líder de escuadra dijo algo que nunca voy a olvidar. "No solo fue un peligro para sí mismo. Se convirtió en un riesgo para todos nosotros." Esa frase me golpeó en el pecho. No se dijo con odio. Se dijo con una honestidad que te hace despertar. En combate, un marine no apto no solo lucha —pone en riesgo a los demás. Ralentiza al equipo. Rompe la formación. Crea aberturas para el enemigo.

Y en ese momento, el Espíritu de Dios me susurró algo igual de impactante: Lo mismo pasa con un cristiano no apto.

No nos gusta pensar así. Queremos que la iglesia sea suave, acogedora, gentil. Y debe estar llena de gracia. Pero también debe estar llena de fuerza. Porque estamos en guerra —no contra carne y sangre, sino contra principados y potestades. Y en la guerra, los perezosos espirituales se convierten en una carga. Los no entrenados dejan huecos en el muro. Los indisciplinados son fáciles de engañar, fáciles de distraer, fáciles de desarmar.

Hay un peso que viene con ser un guerrero en el Reino. Un peso que dice: "Llevas más que tu propia vida." Tus oraciones importan. Tu resistencia importa. Tu integridad importa. Tu fortaleza o tu debilidad repercuten en las personas que Dios te ha asignado. Y cuando caes, ellos pueden sentir el impacto.

Eso no es condenación. Es responsabilidad.

2 Timoteo 2:3 dice: "Tú, pues, sufre penalidades como buen soldado de Cristo Jesús." No como un creyente blando. No como un asistente casual a la iglesia. Como un soldado. Alguien que entrena. Alguien que obedece. Alguien que resiste. Y seré honesto: no entendí ese versículo hasta que empecé a vivirlo en la tierra, en el dolor, bajo un peso que creí que no podía llevar. Pero mientras más entrenaba, más entendía: las dificultades no vienen para aplastar al soldado. Vienen para probarlo.

Y si no entrenas para ellas, te romperán.

No te conviertes en guerrero por asistir a un servicio de iglesia. No te pones en forma espiritualmente por citar un par de versículos o publicar sobre Dios en internet. Te fortaleces cuando vives esto. Cuando te levantas temprano para buscar a Dios antes de que el día te golpee. Cuando dices no a la tentación que nadie más sabría que enfrentaste. Cuando cargas con el dolor de alguien más en oración hasta que esa persona vuelve a sentir alivio. Cuando obedeces incluso cuando te cuesta todo.

Hubo mañanas en la Flota en las que tenía que atarme las botas antes de que saliera el sol, salir al frío y correr —no porque tuviera ganas, sino porque tenía la responsabilidad de estar listo. Ya no se trataba solo de mí. Se trataba del hombre a mi lado que podía necesitarme en un tiroteo. De la misión que podía surgir en cualquier momento. Y cada día que me mantenía agudo, me recordaba: estar listo no es estacional. Es sagrado.

Llevo eso ahora en mi caminar con Cristo. Leo la Palabra a diario, no porque quiera una marca en una lista, sino porque no quiero morir espiritualmente fuera de forma. Oro porque mi mente necesita claridad antes de que el día la nuble. Ayuno porque quiero que mi carne sepa quién manda. Lucho por la pureza y la obediencia, no por miedo al castigo —sino porque he visto lo que sucede cuando los hombres buenos no entrenan.

Necesitamos guerreros que estén en forma. No llamativos. No Guerreros que puedan discernir las mentiras porque han estado en la

Palabra.

Guerreros que saben sufrir sin rendirse. Guerreros que pueden alentar al débil, arrastrar al herido, levantar al cansado. Guerreros que saben cómo superar el agotamiento con la verdad en lugar de excusas. Guerreros que no necesitan que alguien les grite para hacer lo correcto —porque han construido la disciplina en sus huesos.

Dios no necesita tu perfección. Pero sí desea tu preparación.

Porque algún día —y tal vez pronto— el enemigo pondrá a prueba todo lo que afirmas creer. Y cuando ese día llegue, no importará cuántos sermones hayas escuchado. Solo importará qué tan bien entrenaste.

Así que si has estado a la deriva, despierta. Si tu Biblia ha estado acumulando polvo, levántala. Si tu vida de oración se ha enfriado, reavívala. Si has dependido de otros para que te lleven, comienza a construir la fuerza para cargar a otros tú mismo.

No fuiste llamado a ser pasivo. No fuiste salvado para quedarte sentado. Fuiste rescatado para convertirte en un rescatador. Un guerrero. Un siervo. Un soldado de Cristo.

Así que entrena. No solo por ti. Entrena porque el Cuerpo te necesita. Entrena porque la guerra es real. Entrena porque tu Rey lo merece. Y entrena porque cuando llegue el llamado, cuando la misión aterrice, cuando se desate el fuego —el tiempo de preparación habrá terminado.

Y estarás listo…

O serás un riesgo.

CAPÍTULO 9

¿Cuál es el Trabajo de un Guerrero?

DESDE EL PRINCIPIO DEL TIEMPO, los guerreros han existido no solo como agentes de destrucción, sino como defensores, protectores y guardianes de los ideales más elevados conocidos por la humanidad: la vida, la justicia, la libertad y la fe. El llamado del guerrero es profundamente bíblico, intensamente espiritual y eternamente significativo. Un guerrero, un soldado, un luchador —cada uno de estos roles resuena no solo a lo largo de los anales de la historia humana, sino también dentro de la narrativa divina de las Escrituras mismas.

Los guerreros no se definen simplemente por las armas que portan o las batallas que enfrentan. Se definen por su valentía al pararse entre el peligro y la inocencia, entre el caos y el orden, entre el mal y el bien. Este es el retrato bíblico de un guerrero: alguien que lucha porque existe algo que vale la pena defender.

La Escritura destaca repetidamente que los guerreros y soldados tienen un rol sagrado —no solo en los campos de batalla terrenales, sino también en los ámbitos espirituales. Y dentro del gran plan redentor de Dios, el mismo corazón de la Trinidad —Padre, Hijo y Espíritu Santo— opera con esta ética de guerrero en su centro.

Como infante de marina de los Estados Unidos y más tarde como capellán militar, llegué a comprender que este llamado a ser un guerrero no solo es coherente con la fe cristiana, sino esencial para ella. He llevado el uniforme de un marine. He estado al lado de guerreros. Y he librado batallas —no siempre con armas, sino con verdad, valentía y amor.

Este capítulo explorará este rol eterno, mostrando cómo Dios Padre, Dios Hijo y Dios Espíritu Santo encarnan estas identidades dentro de la gran historia redentora. También mostrará cómo esta ética del guerrero moldeó mi propia vida y ministerio, particularmente en mi llamado como capellán militar —donde aprendí que, a veces, las batallas más feroces que luchamos no son con armas, sino con amor, verdad, valor y compasión.

La Naturaleza Guerrera de Dios Padre — Defensor de Su Pueblo

A lo largo de las Escrituras, Dios se revela como un poderoso guerrero. Éxodo 15:3 lo declara sin titubeo:

"El SEÑOR es guerrero; el SEÑOR es su nombre."

Esto no es una exageración poética —es una revelación divina. Dios no es pasivo ante el mal. No se queda de brazos cruzados cuando Su creación está amenazada o cuando Su pueblo sufre. Desde Génesis hasta Apocalipsis, Dios toma las armas contra la maldad, no porque disfrute la guerra, sino porque está comprometido con la justicia y el amor.

Tampoco es simbolismo poético; es una realidad divina. Desde las plagas de Egipto hasta el colapso de los muros de Jericó, Dios mostró Su poder para asegurar la libertad y la seguridad de Su pueblo del pacto. Cuando Israel se encontró atrapado entre el ejército egipcio y el Mar Rojo, no fue su fuerza la que los salvó —fue la de Dios. En Éxodo 14:14, Moisés declaró:

"El SEÑOR peleará por vosotros; vosotros solo tenéis que estar tranquilos."

Una y otra vez, Dios asumió el rol de comandante militar —guiando, luchando y asegurando la victoria para Su pueblo. En el desierto, luchó contra Amalec. En Canaán, peleó al lado de Josué. En la época de los Jueces, levantó guerreros como Gedeón y Sansón para defender a Israel de sus enemigos.

Esta identidad guerrera de Dios es esencial porque revela Su corazón: Él no es indiferente al sufrimiento de Su pueblo. Los defiende. Lucha por ellos. Protege lo que es sagrado.

En el Antiguo Testamento, Dios luchó a favor de Israel incontables veces. Envió granizo desde el cielo (Josué 10:11), confundió a ejércitos enemigos (Éxodo 14:24) y dio poder a hombres débiles como Gedeón para conquistar vastos enemigos con solo 300 soldados (Jueces 7).

Cuando Moisés levantó sus brazos en la colina durante la batalla de Israel contra Amalec (Éxodo 17:8-16), no fue la fuerza humana la que ganó el día. Fue la intervención divina. Las manos levantadas de Moisés simbolizaban dependencia de Dios —el verdadero guerrero en toda batalla.

Dios el Hijo — Jesucristo: El Soldado y Guerrero Perfecto

Muchos ven a Jesús como manso, humilde y gentil —y lo fue. Sin embargo, no se puede entender la plenitud de Su misión sin reconocer que también fue un guerrero. Vino a luchar contra los mayores enemigos de la humanidad: el pecado, la muerte y Satanás. Isaías 42:13 presenta esta imagen profética:

"El SEÑOR saldrá como valiente, como guerrero despertará su fervor; lanzará el grito de batalla y triunfará sobre sus enemigos."

Jesús es el cumplimiento de esta promesa. Todo Su ministerio fue una guerra espiritual —expulsó demonios, confrontó la hipocresía religiosa, desafió a Satanás en el desierto y, finalmente, venció el pecado en la cruz.

Jesús libró una guerra desde el momento en que comenzó Su ministerio público. Enfrentó poderes demoníacos (Marcos 5), desafió a los líderes religiosos hipócritas de Su tiempo (Mateo 23), y finalmente luchó la batalla más grande en la cruz. Colosenses 2:15 declara la victoria de la guerra de Cristo:

"Y desarmó a los poderes y a las autoridades, y los exhibió públicamente, triunfando sobre ellos en la cruz."

Su resurrección fue el triunfo militar supremo —venció incluso a la muerte. En Apocalipsis 19:11-16, Jesús se revela como el jinete del caballo blanco, Fiel y Verdadero, liderando los ejércitos celestiales en la batalla final contra el mal:

"Con justicia juzga y pelea... De su boca sale una espada afilada con la que herirá a las naciones."

Aquí, Jesús no es el siervo sufriente, sino el Rey victorioso, el guerrero divino que regresa para reclamar lo que es Suyo. Jesús vuelve no como un maestro apacible, sino como el Rey conquistador, guiando a los ejércitos del cielo. Su túnica está teñida en sangre —símbolo tanto de Su sacrificio como de Su victoria.

El Espíritu Santo — El Guerrero Dentro de Nosotros

Si Dios Padre lucha por nosotros, y Dios Hijo lucha por nuestra salvación, el Espíritu Santo lucha dentro de nosotros. El Espíritu equipa, empodera y fortalece a los creyentes para las batallas diarias de la vida. El Espíritu Santo nos equipa con la armadura de Dios —protección espiritual y armas para los combates diarios. Efesios 6:10-18 describe esta armadura:

- El Cinturón de la Verdad
- La Coraza de la Justicia

- El Escudo de la Fe
- El Yelmo de la Salvación
- La Espada del Espíritu

Estos no son gestos simbólicos —son herramientas espirituales reales que permiten a los creyentes resistir los ataques del enemigo.

Pablo nos recuerda en Efesios 6 que no luchamos contra carne ni sangre, sino contra fuerzas espirituales de oscuridad. Sin embargo, también nos asegura en Romanos 8:26: "El Espíritu nos ayuda en nuestra debilidad."

El Espíritu Santo es nuestro guerrero divino, despertando valor, perseverancia y fe en el corazón de cada creyente. Es por medio del Espíritu que nos revestimos con toda la armadura de Dios —el cinturón de la verdad, la coraza de la justicia, el escudo de la fe y la espada del Espíritu.

Cada creyente es un soldado en una batalla espiritual —pero no estamos desarmados ni indefensos. El Espíritu nos da poder para resistir la tentación, soportar el sufrimiento y proclamar la verdad incluso frente a la oposición.

Los Guerreros Luchan para Defender, Proteger y Guardar Ideales

La Biblia está llena de hombres y mujeres que encarnaron la ética del guerrero —luchando no por sí mismos, sino por los propósitos de Dios. El guerrero bíblico no se define por su agresividad, sino por su rol como defensor de lo sagrado.

- David luchó no por gloria, sino para defender el honor de Dios ante la blasfemia de Goliat (1 Samuel 17).

- Josué luchó para asegurar la tierra prometida, no solo por conquista, sino para proteger al pueblo del pacto de Dios (Josué 6).

- Incluso Pedro, a pesar de su celo mal dirigido, desenvainó su espada en Getsemaní con el deseo de proteger a Jesús (Juan 18:10). Los guerreros piadosos luchan para defender la vida, proteger a los débiles y guardar lo que es santo.

Estos guerreros bíblicos no eran perfectos —pero eran valientes. Se pusieron de pie por el honor de Dios y defendieron a Su pueblo.

Mi Rol como Guerrero, Soldado y Luchador — El Llamado de un Capellán

Como marine y más tarde como capellán militar, llevo un uniforme no para quitar vidas, sino para defenderlas. No porto armas. Mis batallas se libran en los corazones de los marineros y marines a los que sirvo. Me coloco entre la oscuridad y la luz, entre la desesperanza y la esperanza, entre la soledad y el sentido de pertenencia. Recuerdo con claridad una de esas batallas que marcó para siempre mi comprensión de este llamado.

Un Marinero en Angustia — Entrando en la Lucha

Era tarde en la noche, a bordo de un buque en navegación. El océano estaba oscuro y en silencio, pero dentro del alma de un marinero, rugía una tormenta más fuerte que cualquier trueno. Me llamaron inesperadamente al área de descanso, donde este joven marinero fue encontrado sentado solo, con las manos temblorosas y lágrimas corriendo por su rostro. Estaba al borde de quitarse la vida.

Las voces de la desesperación le habían convencido de que no valía nada, que no era amado, que estaba olvidado. Cuando me arrodillé junto a él, no vine como una figura religiosa con palabras elegantes. Vine como un guerrero —un defensor de la vida, un protector de un alma en crisis. Lo miré a los ojos y le dije: "No estás solo. No estás olvidado. Hay un Dios que te ve. Hay un capellán aquí que va a luchar por ti esta noche."

Nos sentamos durante horas —hablando, orando, rompiendo las mentiras que la oscuridad le había susurrado. Me convertí, en ese momento, en un soldado —no con armas de guerra, sino con palabras de vida. Esa noche, ese marinero eligió vivir. Y esa noche, entendí con más claridad que nunca —soy un guerrero, soy un soldado, soy un luchador— llamado no para destruir, sino para defender.

La Batalla Escatológica — La Victoria Final

Toda la historia humana se encamina hacia una batalla final —una última guerra en la que Dios triunfará sobre todo mal. Apocalipsis 20 nos dice que Satanás será derrotado para siempre. Cristo reinará con perfecta justicia. Los nuevos cielos y la nueva tierra serán establecidos —un reino donde ya no habrá muerte, ni duelo, ni llanto, ni dolor.

Hasta que llegue ese día, todos estamos en entrenamiento. La vida es nuestro campo de adiestramiento espiritual. El campo de batalla está a nuestro alrededor —en nuestros hogares, nuestros lugares de trabajo, nuestras relaciones, y dentro de nuestros propios corazones. Pero nuestro Comandante en Jefe ha prometido: "Al que venciere, le daré que se siente conmigo en mi trono." (Apocalipsis 3:21). No luchamos por una victoria temporal —sino por una gloria eterna.

Conclusión: El Credo del Guerrero Creyente

Ser cristiano es ser un guerrero. No porque busquemos violencia, sino porque defendemos lo que más importa: la vida, la verdad, la justicia y el amor.

— Dios Padre lucha por nosotros.
— Dios Hijo lucha por nuestra salvación.
— Dios Espíritu Santo lucha dentro de nosotros.
— Y nosotros, como Sus soldados, debemos luchar los unos por los otros.

Ya sea con uniforme o ropa civil, ya sea en un campo de batalla o en un hospital, en un púlpito o a bordo de un barco —el llamado es el mismo:

— Defender al débil.
— Proteger al vulnerable.
— Guardar lo sagrado.
— Pelear la buena batalla de la fe.
— Porque un día, la batalla terminará.
— La trompeta sonará.

Y el Comandante de los Ejércitos Celestiales nos dirá a todos: "Bien, buen siervo y fiel... entra en el gozo de tu Señor." (Mateo 25:23).

PARTE III

LA TAREA DE PREPARACIÓN

CAPÍTULO 10

El Campamento Básico No es para Cobardes

ERA NOVIEMBRE DE 2003 CUANDO bajé del autobús en los famosos terrenos del Centro de Entrenamiento de Reclutas del Cuerpo de Marines en Parris Island, Carolina del Sur. La noche estaba cargada de un frío en el aire, y la oscuridad parecía presionarnos con una intensidad que igualaba la incertidumbre en mi corazón. Yo era joven. Era un inmigrante, parado a miles de kilómetros de todo lo que me era familiar.

Estaba buscando propósito, identidad y pertenencia en un país que me sentía orgulloso de servir. Pero nada podría haberme preparado para las trece semanas que estaban por venir —una temporada que me moldearía, me rompería y me reconstruiría, no solo en un marine de los Estados Unidos, sino en un hombre que más tarde entendería que cada momento en el campamento de entrenamiento era un espejo que reflejaba el camino cristiano.

Lo que soporté en ese entrenamiento no fue simplemente una transformación física; fue una revelación espiritual. La vida, al igual que el campamento de entrenamiento, nos está preparando para algo más grande —para un día final de graduación donde todo el sufrimiento, las dificultades y la perseverancia serán coronados con gozo eterno.

Las Huellas Amarillas — Donde Termina la Vida Antigua

La historia de todo recluta comienza de la misma manera. El autobús frena bruscamente en plena noche. El silencio se rompe con la voz atronadora de un Instructor de Entrenamiento que no pierde ni un segundo en imponer su autoridad sobre las mentes frágiles de quienes se atrevieron a enlistarse. "¡Bájense de mi autobús! ¡Pónganse sobre mis huellas amarillas!"

No eran amables sugerencias; eran órdenes que exigían obediencia inmediata. Recuerdo haber bajado y pisado esas icónicas huellas amarillas, y en ese momento, algo profundo comenzó a suceder dentro de mí. Las huellas amarillas no eran solo pintura sobre el pavimento —marcaban la línea entre quien yo era y en quién estaba a punto de convertirme.

En la vida cristiana, también llega un momento decisivo en el que debemos pisar nuestras propias huellas amarillas espirituales. Es el momento de la rendición —cuando nos damos cuenta de que no podemos caminar el trayecto de la vida con nuestras propias fuerzas, bajo nuestro propio control o según nuestros deseos egoístas. Jesús dijo a Sus discípulos en Lucas 9:23: "Si alguno quiere venir en pos de mí, niéguese a sí mismo, tome su cruz cada día y sígame." Así como aquel momento en Parris Island, seguir a Cristo comienza con rendirse. Comienza con morir al yo. En las huellas amarillas, nuestro pasado no nos sigue hacia la nueva misión. La antigua identidad es despojada para hacer espacio para algo mayor.

Fase de Recepción — Romper el Viejo Yo

Los días que siguieron a nuestra llegada fueron caos, estructurado con precisión para desorientarnos y destruir cualquier resto de comodidad.

Nos confiscaron la ropa de civil. Nos raparon la cabeza. Nuestra individualidad fue borrada. Ya no nos referíamos a nosotros mismos por nuestro nombre, sino por "este recluta", eliminando toda identidad personal hasta que estuviéramos listos para recibir la identidad de un marine de los Estados Unidos. Todo lo que nos hacía sentir cómodos, seguros o protegidos fue removido intencionalmente. Recuerdo la batalla mental que se desató dentro de mí en esos primeros días. Fue humillante, agotador, y para muchos reclutas, aplastante.

Pero en esa ruptura había una lección vital. Ese mismo proceso ocurre en la vida de todo creyente. Cuando Dios nos llama a Su reino, comienza la santa obra de la santificación —un proceso que derriba nuestro orgullo, nuestro pecado y nuestros deseos carnales. El apóstol Pablo escribió en 2 Corintios 5:17: "De modo que si alguno está en Cristo, nueva criatura es; las cosas viejas pasaron; he aquí, todas son hechas nuevas." Convertirse en nuevo requiere la eliminación de lo viejo.

Dios, como un Instructor de Entrenamiento experimentado, sabe que no podemos entrar en la nueva creación aferrándonos a los restos de nuestro antiguo yo. El desmantelamiento no es crueldad; es arte. Dios desmonta nuestras falsas identidades para poder construirnos como vasos de honra.

Entrenamiento Físico — Fortaleza a Través de la Lucha

Cada mañana en Parris Island comenzaba antes de que saliera el sol. No nos despertaba una suave alarma, sino la fuerza violenta de los Instructores de Entrenamiento irrumpiendo en el dormitorio. El entrenamiento físico que nos esperaba estaba diseñado para destruirnos físicamente solo para reconstruirnos más fuertes. Largas carreras en el aire helado, flexiones hasta que los brazos colapsaban, recorridos extenuantes por pistas de obstáculos —estas eran las rutinas diarias de nuestras vidas. Cada músculo dolía. Cada paso se sentía más pesado que el anterior.

Y sin embargo, día tras día, la fortaleza comenzaba a surgir de la lucha. La resistencia reemplazaba al cansancio. La confianza reemplazaba al miedo. El cuerpo que antes temblaba con los ejercicios más simples ahora los completaba con un orgullo que se había ganado con sudor y dolor. Esta es la paradoja de la vida cristiana. Las pruebas no son señales de abandono; son herramientas de transformación. Santiago 1:2-4 nos enseña: "Hermanos míos, tened por sumo gozo cuando os halléis en diversas pruebas, sabiendo que la prueba de vuestra fe produce paciencia. Mas tenga la paciencia su obra completa, para que seáis perfectos y cabales, sin que os falte cosa alguna."

Dios usa la resistencia de la vida para construir músculos espirituales. Es a través de la dificultad que aprendemos a confiar, a depender de Él, y a volvernos fuertes frente a la adversidad.

Orden Cerrado y Disciplina — Caminar en Sintonía con Cristo

El orden cerrado fue uno de los aspectos más críticos del entrenamiento en el campamento. Pasábamos incontables horas marchando en perfecta sincronía, respondiendo instantáneamente a las órdenes y aprendiendo a movernos como una sola unidad. Cada error era corregido de inmediato, cada paso en falso abordado. El objetivo era simple: unidad y disciplina. Un marine no se mueve de forma independiente en formación; se mueve como uno solo con sus hermanos y hermanas de armas.

La vida cristiana nos llama a una disciplina similar. Gálatas 5:25 dice: "Si vivimos por el Espíritu, andemos también por el Espíritu." Seguir a Cristo no se trata de hacer lo que se siente correcto. Se trata de caminar en sintonía con el Espíritu de Dios —estar atentos a Su voz, responder a Su corrección y movernos en unidad con el Cuerpo de Cristo.

El orden cerrado nos enseñó que los pequeños errores podían tener consecuencias significativas. En la vida espiritual, la disciplina nos protege de los peligros del pecado. Nos alinea con la misión de Dios y asegura que avancemos con propósito y precisión.

Entrenamiento en el Campo — Sobreviviendo en el Desierto

Una de las partes más humildes y desafiantes del campamento fue el entrenamiento en el campo. Dejábamos los barracones, nuestro entorno controlado, y entrábamos en el mundo implacable del terreno abierto. Dormíamos en la tierra, comíamos raciones, soportábamos los elementos y aprendíamos habilidades de supervivencia. Incluso las duras comodidades de los barracones desaparecían. Nos veíamos obligados a confiar en nuestro entrenamiento, en nuestros compañeros reclutas y en nuestra resiliencia.

Dios a menudo realiza Su obra más profunda en el desierto. Moisés pasó cuarenta años cuidando ovejas en el desierto antes de que Dios lo llamara a liderar a Israel. David se escondió en cuevas mientras huía de Saúl, siendo moldeado por la soledad y la lucha. Incluso Jesús fue llevado por el Espíritu al desierto antes de comenzar Su ministerio público.

Isaías 40:31 nos anima: "Pero los que esperan a Jehová tendrán nuevas fuerzas; levantarán alas como las águilas." Las temporadas de desierto en la vida no son castigo; son preparación. Eliminan distracciones y nos obligan a depender de la provisión de Dios.

El Crisol — Resistir Hasta el Final

La culminación del campamento fue El Crisol —una agotadora prueba de 54 horas que nos llevó más allá del límite del cansancio. Enfrentamos obstáculo tras obstáculo, soportamos hambre y privación del sueño, y atravesamos cada desafío de resistencia. Mi cuerpo se sentía destrozado. Mi mente oscilaba al borde de rendirse. Pero la presencia de mis compañeros reclutas, el impulso inculcado por mis Instructores de Entrenamiento, y la visión de lo que nos esperaba adelante me mantenían en movimiento.

El Crisol refleja la carrera espiritual que Pablo describe en 2 Timoteo 4:7: "He peleado la buena batalla, he acabado la carrera, he guardado la fe." La vida misma es un crisol. Desafía cada parte de nuestro ser. Prueba nuestra fe, nuestra perseverancia y nuestra confianza en Dios. Pero aquellos que resisten serán recompensados.

Cuando llegamos a la cima de The Reaper, la colina final de El Crisol, no fuimos recibidos con gritos de enojo, sino con un respeto silencioso. Nuestros Instructores de Entrenamiento colocaron en nuestras manos el Águila, el Globo y el Ancla —el emblema que significaba nuestra transformación en marines de los Estados Unidos. Ese momento fue más que una victoria; fue una nueva identidad ganada a través de la perseverancia.

Día de Graduación — La Recompensa Final

Estar de pie en la plataforma de desfile el día de la graduación fue un momento de orgullo y alegría abrumadores. Mi familia estaba entre la multitud, sus rostros brillaban de orgullo. El dolor y la lucha de las trece semanas anteriores se desvanecieron ante la luz de aquel día victorioso.

Para el cristiano, el día de la graduación se acerca. Apocalipsis 21:4 promete: "Enjugará Dios toda lágrima de los ojos de ellos; y ya no habrá muerte, ni habrá más llanto, ni clamor, ni dolor; porque las primeras cosas pasaron." La vida nos está preparando para una graduación final —el día en que estaremos ante Cristo, libres de pecado, dolor y muerte, y entraremos en el descanso eterno.

El Campamento de Entrenamiento en noviembre de 2003 me marcó profundamente, no solo como marine, sino como hombre de fe. El trayecto de esas trece semanas refleja el camino de todo creyente. Nos rendimos sobre las huellas amarillas. Somos quebrantados y reconstruidos en la Fase de Recepción. Ganamos fuerza a través de la lucha. Aprendemos disciplina y unidad. Resistimos el desierto. Superamos el crisol. Y un día, nos graduaremos.

Esta vida no es el final. Es entrenamiento para la eternidad.

En aquel día final, estaremos ante Jesucristo —nuestro Comandante y Rey— y recibiremos la corona de vida. Y toda prueba, toda dificultad, toda lágrima habrá valido la pena cuando escuchemos las palabras que hacen que cada batalla valga la pena: "Bien, buen siervo y fiel... entra en el gozo de tu Señor."

Sargento Instructor de Entrenamiento Jesús

Pocas figuras en la cultura militar son más respetadas, temidas y finalmente amadas que el Instructor de Entrenamiento del Cuerpo de Marines. Son la fuerza implacable que forma, moldea y transforma a los reclutas —hombres y mujeres comunes de todos los rincones de Estados Unidos— en la fuerza de combate más élite del mundo: los marines de los Estados Unidos. Pero detrás de los gritos, los rostros severos y los intensos horarios de entrenamiento, hay algo mucho más profundo. El Instructor de Entrenamiento no es simplemente un capataz; es un artesano, un mentor, un guía y un líder. Su misión no es la destrucción — es la transformación.

Cuando miro atrás a mi tiempo en Parris Island, en noviembre de 2003, aún puedo oír la voz firme de mis Instructores de Entrenamiento resonando en el aire húmedo y salado. Su presencia era ineludible. Su disciplina, absoluta. Y sin embargo, cuanto más envejezco y más reflexiono sobre mi camino de fe, más empiezo a ver un paralelo sorprendente y humilde: el rol del Instructor de Entrenamiento, en muchos sentidos, refleja el ministerio de Jesucristo. Cristo también toma personas comunes —defectuosas, débiles, no preparadas— y, mediante el amor, la disciplina y la guía, las transforma en instrumentos extraordinarios para el Reino de Dios.

Quizás —solo quizás— el Instructor de Entrenamiento del Cuerpo de Marines de los Estados Unidos sea uno de los reflejos terrenales más claros de cómo Jesús obra en la vida de Sus discípulos. Lo que hace esto aún más notable es la realidad de que, en algunos casos, el ámbito militar está logrando un nivel de transformación que muchas iglesias no han podido alcanzar. El mismo Jesús podría estar utilizando al ejército —un lugar que muchas veces es descartado por los círculos religiosos— para llevar a cabo Su obra de formar líderes, inculcar disciplina y crear hombres y mujeres de honor.

Ejecución del Entrenamiento — Preparación para la Batalla

La primera y más evidente función del Instructor de Entrenamiento del Cuerpo de Marines es ejecutar los programas de entrenamiento diseñados para transformar reclutas en marines. Desde el momento en que los reclutas llegan, son sumergidos en un entorno de entrenamiento altamente estructurado y exigente. Cada detalle es intencional —cada ejercicio, cada formación, cada flexión, cada lección está construida con un objetivo específico: la transformación.

Los Instructores de Entrenamiento llevan a cabo este proceso con precisión y dedicación. Enseñan orden cerrado para reforzar la unidad y el orden. Llevan a los reclutas al límite físico para desarrollar fuerza y resistencia. Instruyen en habilidades de combate porque un marine no solo debe pensar como guerrero, sino actuar como uno bajo presión.

Jesús opera de la misma manera, aunque Su campo de batalla no es meramente terrenal —es espiritual. Cuando llamó a los discípulos, no los llamó simplemente a creer, sino a entrenar. Caminó con ellos a diario. Les enseñó mediante parábolas, confrontaciones, milagros e incluso represiones. Los Evangelios nos muestran que Jesús fue intencional —cada lección preparaba a Sus discípulos para la guerra espiritual, el liderazgo y, en última instancia, el sacrificio.

Mateo 28:19-20 registra la Gran Comisión: "Por tanto, id, y haced discípulos a todas las naciones… enseñándoles que guarden todas las cosas que os he mandado." Enseñar —ejecutar entrenamiento espiritual— está en el corazón mismo de la misión de Cristo.

Donde muchas iglesias han fallado es en minimizar el rol del entrenamiento disciplinado. El Cuerpo de Marines entiende lo que muchos pastores olvidan —la fe sin disciplina conduce a la debilidad. La fe debe ir acompañada de preparación.

Inculcar Disciplina — Formar el Carácter

Una de las primeras lecciones que aprende todo recluta es que la disciplina no es negociable. Los Instructores de Entrenamiento exigen obediencia absoluta. No porque sean tiranos, sino porque en el caos del combate, la duda o la desobediencia pueden costar vidas. La disciplina salva vidas en el campo de batalla.

Esa disciplina no se limita al comportamiento físico, sino que se extiende al habla, los patrones de pensamiento, el respeto por la autoridad y la capacidad de actuar bajo presión. Los reclutas son entrenados para seguir órdenes legales sin cuestionarlas, confiando en la sabiduría de sus superiores y en la misión en curso.

En la vida cristiana, la disciplina es igualmente vital. Jesús dijo en Juan 14:15: "Si me amáis, guardad mis mandamientos." La obediencia no es legalismo; es la expresión del amor y la confianza en la sabiduría de Dios. Hebreos 12:11 nos recuerda: "Ciertamente, ninguna disciplina al presente parece ser causa de gozo, sino de tristeza; pero después da fruto apacible de justicia."

La iglesia, en las últimas décadas, ha luchado para inculcar este tipo de disciplina. Los mensajes de comodidad, conveniencia y emocionalismo han reemplazado el trabajo arduo —y a menudo doloroso— de la formación espiritual. El Cuerpo de Marines no se adapta a los sentimientos —y tampoco lo hizo Jesús al llamar a Sus discípulos a negarse a sí mismos, tomar su cruz y seguirlo.

Tal vez el ejército tiene éxito donde la iglesia tropieza, porque entiende que la disciplina no es falta de amor —es esencial.

Instrucción Moral y Ética — Honor, Valentía y Compromiso

Parte integral del rol del Instructor de Entrenamiento es enseñar los Valores Fundamentales del Cuerpo de Marines: Honor, Valentía y Compromiso. Estos valores no son eslóganes opcionales —son el fundamento ético de la identidad de todo marine.

El honor enseña integridad —hacer lo correcto incluso cuando nadie está mirando. La valentía impulsa a actuar frente al miedo. El compromiso asegura la perseverancia en medio de la dificultad.

Estos valores reflejan la enseñanza bíblica. Proverbios 11:3 dice: "La integridad de los rectos los encaminará." Josué 1:9 ordena: "Sé fuerte y valiente." Gálatas 6:9 exhorta: "No nos cansemos, pues, de hacer bien."

Aunque muchas iglesias predican estos valores, pocos entornos los refuerzan como lo hace el Cuerpo de Marines. Los Instructores de Entrenamiento graban estas virtudes en el corazón de los reclutas mediante repetición, práctica y rendición de cuentas.

Cristo llama a los creyentes a un estándar más alto —a reflejar la naturaleza ética del mismo Dios. Y sin embargo, el ámbito militar a menudo logra esta instrucción ética con mucha más consistencia que muchas instituciones cristianas.

Esta realidad nos desafía a preguntarnos: ¿Por qué el Cuerpo de Marines —una organización secular— con tanta frecuencia supera a la iglesia en inculcar valor moral, integridad y responsabilidad?

Servir Como Modelos a Seguir — El Ejemplo Viviente

Quizás la influencia más profunda del Instructor de Entrenamiento no esté en lo que dice, sino en quién es. Se espera que los Instructores de Entrenamiento sean la encarnación de los valores del Cuerpo de Marines. Se les exige el más alto estándar de condición física, conducta y presentación. Cada recluta los observa. Cada movimiento es una lección. Cada palabra tiene peso porque proviene de alguien que vive lo que enseña.

Jesús fue el modelo supremo. La Palabra se hizo carne y habitó entre nosotros (Juan 1:14). No solo predicó el amor —lo vivió. No solo enseñó el sacrificio —lo abrazó en la cruz.

En el liderazgo espiritual, el ejemplo lo es todo. Pablo dijo a los corintios: "Sed imitadores de mí, así como yo de Cristo" (1 Corintios 11:1). La iglesia sufre cuando los líderes predican santidad pero viven en compromiso con el pecado.

Los Instructores de Entrenamiento tienen éxito porque lideran con el ejemplo. La iglesia debe recuperar este principio —que la credibilidad no proviene solo del cargo, sino de la integridad en la acción.

Desarrollar Futuros Líderes — Preparar Guerreros

La misión del Instructor de Entrenamiento no es crear seguidores, sino líderes. Cada recluta es entrenado no solo para sobrevivir, sino para liderar en el futuro —para tomar decisiones, asumir responsabilidad y mantener los valores del Cuerpo incluso cuando nadie lo esté observando.

Jesús pasó tres años formando a Sus discípulos como futuros líderes. Entrenó a pescadores, recaudadores de impuestos y celotes para que se convirtieran en apóstoles, evangelistas, pastores y mártires.

Pablo instruyó a Timoteo en 2 Timoteo 2:2: "Lo que has oído de mí ante muchos testigos, encarga a hombres fieles que sean idóneos para enseñar también a otros."

El ámbito militar entiende el desarrollo del liderazgo de una manera que muchas veces se le escapa a la iglesia. Las iglesias a veces se enfocan en la asistencia en lugar del discipulado —en llenar asientos en lugar de llenar vidas con responsabilidad y llamado.

Jesús formó líderes.

Y los Instructores de Entrenamiento también.

Mentoría y Guía — El Rol del Ánimo

Aunque la imagen del Instructor de Entrenamiento suele ser dura e intimidante, quienes han pasado por el campamento saben el secreto que yace debajo —el Instructor también es un mentor y un guía. Sabe cuándo presionar y cuándo alentar. Ha recorrido ese camino antes. Entiende el dolor y la duda que enfrentan los reclutas.

En la vida cristiana, Jesús es nuestro mentor supremo. No nos deja solos en el entrenamiento. El Espíritu Santo camina con nosotros, nos anima y nos recuerda la verdad (Juan 14:26).

Las iglesias efectivas están llenas de mentores espirituales —creyentes maduros que guían, corrigen y alientan a la próxima generación. El Cuerpo de Marines entiende que la transformación requiere tanto desafío como cuidado.

El Instructor de Entrenamiento exige mucho porque sabe lo que se necesita para ganar batallas. Jesús nos disciplina porque nos ama (Hebreos 12:6).

¿El Ejército — Haciendo lo que la Iglesia No Puede?

La verdad impactante es que, en muchos casos, el Cuerpo de Marines de los Estados Unidos está logrando un nivel de transformación, disciplina, desarrollo de liderazgo y formación ética que muchas iglesias no han alcanzado.

Esto no es una crítica para condenar al Cuerpo de Cristo, sino un llamado a reflexionar profundamente sobre nuestra misión.

¿Podría ser que Jesús está usando al ejército —una institución secular— para lograr una formación espiritual en vidas que la iglesia ha descuidado o no ha podido alcanzar?

Quizás, como el centurión romano en Mateo 8 —cuya fe asombró incluso a Jesús—, Dios encuentra fe, obediencia e integridad en lugares donde menos lo esperamos.

Jesús llamó a pescadores. Jesús llamó a recaudadores de impuestos. Y quizás hoy —Jesús está llamando a marines. Los llama no solo a defender la libertad, sino a reflejar Su carácter en el proceso. Está levantando líderes que han sido forjados en los fuegos de Parris Island, San Diego o el campo de batalla —líderes que entienden la disciplina, el valor, el compromiso y el autosacrificio.

Líderes que saben lo que significa perseverar hasta el fin.

En muchos sentidos, Jesús es nuestro Instructor de Entrenamiento Divino. Ve en nosotros lo que no vemos. Nos lleva más allá de la comodidad porque conoce nuestro potencial. Nos disciplina no por crueldad, sino por amor. Nos entrena para la batalla porque conoce lo que está en juego.

Y al final del camino —cuando el campamento de la vida haya terminado— Él no se presentará como un capataz severo, sino como un Salvador amoroso.

Pondrá en nuestras manos la corona de la vida. Nos dará la bienvenida a casa. Y sabremos —que cada momento de lucha, cada lección de disciplina, cada lágrima derramada en los campos de entrenamiento de la tierra— habrá valido la pena. Porque estaremos de pie no como simples reclutas, sino como hijos e hijas del Dios Viviente —transformados para siempre, amados para siempre, en casa para siempre.

CAPÍTULO 11

"Levántate y Anda"

A LA SOMBRA DE LAS BARRACAS, en las cubiertas de los barcos de la Armada y dentro de las mentes de los miembros del servicio que regresan del despliegue, existe una crisis espiritual que a menudo pasa desapercibida para el mundo exterior. Pensamos en los soldados como fuertes, estoicos y valientes, pero bajo la superficie de ese exterior endurecido suele haber una historia de confusión espiritual, quebranto emocional y parálisis moral. En mis años de servicio en el ejército y como capellán, he conocido a innumerables jóvenes —hombres y mujeres— que cargan con cargas silenciosas, no solo por causa de la guerra o el combate, sino por vidas enteras marcadas por el abandono, la negligencia, la orfandad paterna y el hambre espiritual.

El ejército, en muchos sentidos, es un imán para los marginados. Atrae a aquellos que carecieron de oportunidades, estructura o amor. Para muchos, alistarse no es simplemente una decisión de carrera —es una vía de escape. Es el primer lugar donde reciben disciplina, el primer lugar donde reciben elogio, el primer lugar donde sienten que forman parte de un equipo. Y aunque el Cuerpo de Marines o la Armada pueden enseñar a un hombre a pelear, a obedecer órdenes y a cumplir una misión, no pueden darle un propósito eterno. Ese propósito viene de Dios. Pero cuando la iglesia evita estos espacios por temor o por desconocimiento, ¿quién queda para presentarles ese propósito?

Muy parecido al estanque de Betesda en Juan 5, nuestro ejército moderno se ha convertido en una colección de enfermos espirituales —los ciegos, los cojos, los paralíticos. No físicamente, sino espiritualmente. La iglesia, con demasiada frecuencia, refleja a los fariseos de ese capítulo, manteniéndose a una distancia segura mientras lanza advertencias: "No vayas allí, perderás tu fe." "El ejército es demasiado secular." "Ese no es un lugar para un cristiano." Pero Jesús nunca mantuvo su distancia de los enfermos. Caminó directamente hacia la colonia de los quebrantados.

Juan 5 y el Ministerio de la Valentía

La historia de Juan 5 es mucho más que un milagro —es un modelo. En el estanque de Betesda encontramos a un hombre que había estado enfermo por treinta y ocho años. Eso son casi cuatro décadas de aislamiento, de ser ignorado, de ver cómo otros recibían ayuda mientras él seguía atascado. "No tengo quien me meta en el estanque", le dice a Jesús. Estas palabras resuenan a través de las generaciones hasta nuestro momento presente, no solo desde los enfermos en la Jerusalén del primer siglo, sino desde soldados uniformados hoy en día.

"No tengo con quién hablar."

"Nunca he tenido un mentor espiritual."

"Mi iglesia dejó de comunicarse conmigo cuando me alisté."

"Quería servir, pero me dijeron que eso me arruinaría espiritualmente."

Y así, se quedan —emocionalmente entumecidos, moralmente desorientados, espiritualmente agotados. Se ahogan en la rutina, en la disciplina, en los despliegues, pero nunca en amor. Y cuando miran hacia la iglesia, ven distancia. Cuando extienden la mano en busca de ayuda, se les dice que no deberían haberse enlistado. Y de esta manera, nuestro Betesda espiritual crece —un grupo olvidado dentro de la estrategia misional de la iglesia.

Pero Jesús no temió a Betesda. No esperó que el hombre hiciera la pregunta teológica correcta. No puso a prueba sus intenciones. Simplemente preguntó: "¿Quieres ser sano?" Luego lo sanó —aunque los líderes religiosos desaprobaran.

El ministerio en el ámbito militar no es para los débiles de corazón. No es higiénico, ni silencioso, ni predecible. Pero es santo. Y es el lugar donde Jesús aún camina —si tan solo tenemos la valentía de seguirlo hasta allí.

Seabee John — Un Ejemplo Moderno de Ministerio en Betesda

Una de las historias más conmovedoras que he encontrado en el ministerio militar vino de un Seabee de la Armada llamado John. Era adventista del séptimo día y fue desplegado a Filipinas. No había capellán disponible. No había estudios bíblicos programados. No había programas preaprobados, pantallas digitales, y mucho menos santuarios con vitrales. Pero allí estaba John — y también había hambre de verdad.

John, con su manera tranquila pero firme, comenzó a reunir marineros cada semana. Con pocos recursos, a menudo bajo un calor sofocante y con nada más que Escrituras impresas, dirigía estudios bíblicos para veinte miembros del servicio. Se sentaban en bancos improvisados bajo lonas y tarimas de carga, hambrientos de la Palabra de Dios. Algunos nunca habían leído una Biblia. Otros no habían orado en años. Pero John estaba allí — no porque le pagaran por hacerlo, ni porque alguien lo asignara, sino porque Dios había puesto una carga en su corazón.

Hizo lo que muchas iglesias no lograron hacer: se presentó. Semana tras semana, John mantuvo el grupo en marcha, incluso cuando el ánimo estaba por el suelo o el ritmo de la misión era elevado. No era capellán. No tenía formación en seminario. Pero estaba lleno del Espíritu, y respondió al llamado.

Este es el tipo de ministerio que Betesda exige — valiente, paciente, y profundamente arraigado en Cristo. Seabee John no evitó a los espiritualmente lisiados por temor a convertirse en uno de ellos. Entró en su dolor y los invitó a la sanidad.

Las Advertencias Equivocadas de la Iglesia

Una de las mayores tristezas que he experimentado es escuchar a jóvenes cristianos que deseaban servir a su país — no por rebeldía o violencia, sino por un deseo de crecer, madurar y servir — hablar de la condena que recibieron de sus iglesias. En lugar de ser bendecidos y comisionados por sus congregaciones, fueron desanimados. "Vas a desviarte." "Estarás rodeado de pecado." "Perderás tu camino." Aunque estas preocupaciones pueden provenir de lugares bien intencionados, a menudo revelan una falla más profunda — la creencia de que Dios no puede obrar dentro del entorno militar.

Pero Él puede. Y lo hace. Si Dios pudo usar a Moisés — criado en el palacio de Faraón, formado en la administración egipcia — para guiar a Su pueblo, ¿por qué no a un infante de Marina? Si Dios pudo llamar a Daniel para servir fielmente bajo múltiples reyes paganos, ¿por qué no a un aviador? Si Dios pudo levantar a José para administrar los asuntos de Egipto, ¿por qué no a un enfermero naval encargado de la logística?

El problema no es si el servicio militar es peligroso. La vida cristiana es peligrosa. El problema es si tenemos el valor de creer que Dios ya está obrando en lugares inesperados — y que Él llama a Su pueblo a entrar en esos espacios no para corromperse, sino para ser luz.

Ministerio Entre los Espiritualmente Paralizados

Ministrar en el ámbito militar es caminar entre los espiritualmente paralizados. Son hombres y mujeres que nunca tuvieron mentores, que crecieron sin padre, que vieron adicción, abuso y abandono mucho antes de ver una Biblia. Tienen hambre de disciplina — pero están hambrientos de gracia. Saben seguir órdenes — pero nunca se les ha invitado a seguir a Cristo.

Cuando hablo con otros capellanes o creyentes en uniforme, suelo recordarles: la persona que duerme en la litera de al lado puede ser el próximo Pedro, la próxima Lidia, el próximo Timoteo. Pero sin alguien que lo guíe, que le dé testimonio, que lo discipule, quizá nunca encuentre su camino. La Betesda de hoy está llena de potencial. El hombre que no podía caminar fue sanado — y se puso de pie. Y esa es la misión: no simplemente simpatizar con los quebrantados, sino ayudarlos a levantarse.

Jesús como el Modelo para el Ministerio Militar

Jesús nunca temió por su reputación. Nunca adaptó Su misión para ajustarse a las expectativas religiosas. Caminó entre lo impuro, lo incómodo, lo controversial. Tocó leprosos. Cenó con recaudadores de impuestos. Defendió a la mujer sorprendida en adulterio. Y en Juan 5, se paró en medio de los rechazados y restauró a un hombre que todos los demás habían ignorado.

Para quienes sirven en el ámbito militar y llevan el nombre de Cristo, su presencia importa más de lo que imaginan. Puede que sean el único reflejo del Evangelio que alguien llegue a ver. Su valor para orar, hablar, e invitar a otros a su fe no es solo admirable — es misional.

Y para pastores, ancianos y líderes de iglesia: debemos hacerlo mejor. Debemos dejar de temer al entorno militar y comenzar a apoyar a quienes sienten el llamado de servir. Adviertan sobre los riesgos espirituales reales, sí — pero prepárenlos, equípenlos, bendíganlos y estén con ellos. No los abandonen en la puerta de Betesda.

¿Entrarás en la Colonia de los Lisiados?

Betesda no era un lugar santo — era un lugar herido. Pero allí fue donde Jesús eligió realizar uno de Sus milagros más memorables. Ese día no buscó los atrios del templo. Buscó a los olvidados.

Y nos llama a hacer lo mismo. El entorno militar no es un desierto espiritual — es un campo misionero esperando obreros. Está lleno de ciegos, cojos y paralíticos espirituales — no porque sean más débiles que los civiles, sino porque muchas veces han sido abandonados por la iglesia.

Pero hay esperanza. Todavía existen Seabee Johns. Todavía hay jóvenes creyentes entrando al campamento de entrenamiento con Biblias guardadas en sus mochilas. Todavía hay capellanes que oran en silencio sobre habitaciones llenas de soldados dormidos. Todavía hay sanidad en Betesda — si estamos dispuestos a ir.

La pregunta no es si el entorno militar necesita a Cristo. La pregunta es si la iglesia tendrá el valor de enviarlo allí a través de Su pueblo.

La Crisis del Desvinculamiento Juvenil y la Iglesia

En las últimas décadas, la iglesia ha sido testigo de un éxodo profundo de sus jóvenes. El Grupo Barna informa que aproximadamente el 64% de los adultos en EE.UU. entre 18 y 29 años, que fueron activos en la iglesia durante su adolescencia, se han desvinculado por completo de la vida eclesiástica.[1] Mientras que el 59% ya se estaba alejando una década antes, este aumento señala una intensificación del desánimo espiritual.

Para ponerlo en perspectiva, casi dos tercios de los jóvenes cristianos han abandonado efectivamente la iglesia después de la secundaria. Tal deserción refleja más que una inclinación hacia el secularismo —indica un vacío espiritual que se profundiza con cada año.

Cuando los jóvenes se alejan de la iglesia, las consecuencias se extienden al ámbito personal y social. Los Centros para el Control y la Prevención de Enfermedades informan que el 40% de los estudiantes de secundaria sufre sentimientos persistentes de tristeza o desesperanza, y el 20% considera seriamente el suicidio, con un 9% que incluso ha hecho un intento.[2] Estas no son estadísticas aisladas —son los trágicos resultados del abandono espiritual.

El análisis detallado de Barna identifica las razones subyacentes del alejamiento juvenil: percepción de falta de relevancia, hipocresía en el liderazgo, ausencia de relaciones auténticas, rigidez institucional y un moralismo desconectado de la gracia.[3] Más de la mitad de los adultos

---

[1] David Kinnaman and Mark Matlock, *Faith for Exiles: 5 Ways for a New Generation to Follow Jesus in Digital Babylon* (Grand Rapids: Baker Books, 2019).

[2] Centers for Disease Control and Prevention, "Youth Risk Behavior Survey: 2023 Summary & Trends Report," accessed June 2025, https://www.cdc.gov/healthyyouth/data/yrbs/.

jóvenes, incluso aquellos que aún asisten mensualmente, admiten que la asistencia a la iglesia no es esencial para su fe.[4] Estas no son tendencias reversibles; son fracturas fundamentales.

Más allá de los números hay historias individuales —relatos de adolescentes prometedores consumidos por la soledad, la ansiedad, el abuso de sustancias y la identidad rota. Necesitaban pertenencia, propósito y certeza —necesidades que el modelo actual de iglesia a menudo no logra satisfacer. Así que se van —no necesariamente porque rechacen la fe, sino porque no logran encontrarla en sus congregaciones.

Encontrando Propósito en el Servicio Militar

En medio de este vacío surge el ámbito militar —una vocación que ofrece estructura, propósito y una contribución significativa. Para mí, un inmigrante en busca de identidad y dirección, el Campamento de Entrenamiento del Cuerpo de Marines en noviembre de 2003 fue un punto de inflexión. Entré en ese crisol con incertidumbre, pero salí con un nuevo sentido de pertenencia, disciplina y propósito. Satisfizo mi anhelo de significado —mientras me preparaba para formas de servicio aún más amplias.

Al servir más adelante como capellán de la Armada, descubrí un llamado poderoso: el entorno militar no solo refina el carácter, sino que también puede ser un escenario para la formación espiritual. En la cubierta, en los barcos y durante los despliegues, encontré a jóvenes marineros hambrientos de aprobación, mentoría y esperanza. Fui testigo directo de cómo aquellos que estaban espiritualmente a la deriva encontraron una identidad renovada al participar en estudios bíblicos en pequeños grupos, servicios de bautismo y consejería individual. El ámbito militar ofrecía lo que los ministerios juveniles muchas veces no logran brindar: una autenticidad vivida, sufrimiento compartido y una misión que trasciende la gratificación personal.

Hoy, como capellán, sigo encontrando un gozo y realización enormes.

---

[4] Barna Group, "The Connected Generation," 2020, https://www.barna.com/the-connected-generation/.

He acompañado a Marines en medio del duelo durante los despliegues, he enterrado a quienes murieron en servicio, he facilitado servicios de adoración en ambientes austeros, y he ofrecido consuelo a quienes luchan contra el TEPT. Esta es la obra que permanece —almas marcadas por el propósito, la pertenencia y la presencia de Dios incluso en la adversidad.

Por Qué la Iglesia Debe Asociarse con la Misión Militar

El desierto del alejamiento juvenil requiere un enfoque misionero y transcultural. Si seguimos tratando el servicio militar como una amenaza para la fe en lugar de un campo misionero, perderemos innumerables oportunidades de transformación. Algunas formas específicas en que las iglesias pueden asociarse incluyen:

— Comisionar a los jóvenes en servicio — orar por ellos públicamente, enviarlos con bendición y mantenerse en contacto a través de llamadas y mentoría.

— Capacitar a creyentes para el ministerio militar — entrenar voluntarios, proveer recursos y formar grupos pequeños adaptados a las realidades del ámbito militar.

— Honrar el servicio espiritual y culturalmente — celebrar graduaciones, ascensos y regresos de despliegue como hitos espirituales.

— Apoyar a los veteranos que regresan — ofrecer clases de reintegración, cuidado de salud mental, renovación espiritual y una acogida comunitaria.

Al hacerlo, la iglesia reconoce que la persona completa —no solo su versión de los domingos— tiene valor para Dios. El entorno militar forma el carácter, el valor y el liderazgo; la iglesia nutre la redención, la transformación y el propósito eterno.

Conclusión

Cuando la iglesia pierde al 64% de su juventud, la pérdida no es solo doctrinal —es personal, espiritual y existencial. Estos jóvenes no solo dejan las iglesias —caen en desafíos más profundos de desesperanza y desconexión. Sin embargo, muchos encuentran nueva vida a través del servicio militar —una vocación revelada no como amenaza, sino como llamado.

Mi propia historia es testimonio de esta sinergia redentora —un inmigrante que halló dirección e identidad en el Cuerpo, y propósito y gozo duradero en el capellán. Cada día veo a jóvenes marineros encontrar profundidad espiritual a través de un ministerio auténtico en uniforme, en medio de pruebas y con esperanza.

La crisis es urgente, pero la solución está al alcance —si la iglesia se encuentra con el entorno militar no con temor, sino con gracia y asociación, reconociendo que Dios ya está obrando en este campo misionero.

CAPÍTULO 12

La Experiencia de Conversión

*E*RA UNA NOCHE TRANQUILA en el campo de Honduras Estrellas esparcidas por un vasto cielo negro, el tipo de lienzo celestial que deja a un niño maravillado. Yo tenía apenas diez años, sentado en una banca de cemento fría, con las piernas demasiado cortas para tocar el suelo, y el corazón cargado de anhelo. No había visto a mi padre en casi una década, ni a mi madre en casi ocho años. La separación había tallado un vacío en mí demasiado profundo para expresarlo con palabras.

Esa noche, abrumado por la emoción, levanté los ojos al cielo y susurré una oración tan sincera que el tiempo pareció detenerse a mi alrededor: "Padre Celestial, si nos permites reunirnos con nuestros padres, te prometo que te serviré hasta el día de mi muerte."

No comprendía del todo la gravedad de lo que decía, pero algo en mi alma sabía que ese momento importaba. Lo que no sabía era que, incluso antes de pronunciar esa promesa, Dios ya había comenzado a escribir Su respuesta.

Cuando la Promesa Fue Contestada

Un año después, lo que antes parecía un sueño lejano se convirtió en una realidad milagrosa. A mis padres se les concedió la residencia legal en los Estados Unidos y, poco tiempo después, mis hermanos y yo recibimos nuestras tarjetas de residencia. Tras tantos años de espera, lágrimas y anhelo, por fin íbamos a ser una familia de nuevo. El momento del reencuentro fue abrumador.

Apenas reconocía a mi padre—su rostro marcado por años de arduo trabajo y distancia. El abrazo de mi madre, aunque reconfortante, se sentía extraño. Y entonces hubo una sorpresa: una hermana menor a la que nunca había conocido. La alegría y la confusión bailaban torpemente juntas en nuestro hogar. Estábamos reunidos, sí, pero todos éramos distintos. El tiempo nos había moldeado a cada uno de formas que los demás aún no podían comprender.

Mientras intentábamos construir una vida juntos en América, me di cuenta de que poco a poco iba olvidando la promesa que hice aquella noche en la banca. En 1998, con dieciséis años, entré a un mundo nuevo —lleno de libertad abrumadora, desorientación cultural y presión social. Mis padres, aunque bien intencionados y trabajadores, no tenían el conocimiento cultural ni financiero para orientarme en esa transición.

Sus propias luchas—enraizadas en la pobreza generacional y el acceso limitado a la educación—les impedían ofrecerme la dirección emocional y espiritual que yo necesitaba. No los culpo; hicieron lo mejor que pudieron. Pero yo estaba perdido. A medida que la libertad de la adolescencia americana me envolvía, mi conexión con Dios se fue deshilando. Empecé a explorar, a experimentar y a rebelarme—no porque estuviera enojado con Dios, sino porque había dejado de escuchar Su voz.

Olvidando la Promesa

Para noviembre de 2003, ya había acumulado deudas, me sentía desilusionado con la vida y desesperado por un cambio. Fue entonces cuando decidí alistarme en la Infantería de Marina de los Estados Unidos.

CAPÍTULO 12: LA EXPERIENCIA DE CONVERSIÓN

No lo hice por un noble sentido de patriotismo ni por un llamado divino. Lo hice porque necesitaba dirección, orden y seguridad financiera. El entrenamiento básico fue brutal.

Las trece semanas de castigo físico, tensión emocional y reprogramación mental pusieron a prueba cada parte de lo que yo era. Las huellas amarillas sobre las que pisé en Parris Island se convirtieron en el fundamento de una nueva identidad. Los instructores me rompieron solo para volver a formarme. Comencé a aprender disciplina, estructura, resiliencia... y, aun así, seguía espiritualmente a la deriva.

Asistía a los servicios religiosos cuando podía, pero nada constante. Intentaba orar, pero las palabras no venían. Llevaba bien el uniforme, pero debajo de él, era un hombre que estaba olvidando su voto a Dios.

Y aun así, Dios me seguía buscando.

Usó a personas para alcanzarme: compañeros Marines que confiaban en mí, que me buscaban para recibir liderazgo. No lo entendía en ese momento, pero Dios me estaba preparando. Estaba plantando semillas a través de conversaciones, experiencias y responsabilidades. Empecé a sentir algo cambiando dentro de mí. Aún no recordaba la promesa, pero comenzaba a sentir su sombra alargándose sobre el camino que estaba recorriendo.

Un Despertar en Medio del Éxito

Esperando una nueva dirección, me inscribí en la universidad y elegí arquitectura como carrera. Me encantaba la creatividad, la lógica, la estructura del diseño. Incluso encontré éxito en las artes, convirtiéndome en bailarín profesional y presentándome en distintos escenarios. La gente me admiraba. Me sentía visto. Pero cada ovación de pie era seguida por un vacío. La emoción se desvanecía rápido, y en su lugar llegaba el silencio— ese tipo de silencio que te obliga a confrontar la verdad de tu alma. Era exitoso según muchos estándares, pero espiritualmente estaba muriendo de hambre.

Entonces, algo cambió.

Tomé una clase electiva llamada El Evangelio de Jesucristo. Parecía una forma sencilla de cumplir un requisito general. Pero lo que ocurrió en esa clase alteraría el rumbo de mi vida. Uno de los trabajos requería que leyéramos Los Cuatro Rostros de Jesús. Devoré ese libro. Cada página se sentía como una cita divina. No podía dejar de leer. Era como si mi alma hubiera estado sedienta por años y ahora, finalmente, hubiera encontrado agua. Lloré mientras leía, no de tristeza, sino de reconocimiento. Y fue entonces cuando sucedió: recordé.

Recordé la banca.

Recordé el cielo.

Recordé la promesa.

Habían pasado siete años desde que le susurré esas palabras a Dios. Yo había roto mi voto, pero Él no había roto el Suyo. En ese momento de claridad, entendí cuán paciente y misericordioso es Dios. Me había esperado. Había orquestado el viaje de mi vida, no para castigarme por olvidar, sino para prepararme para recordar.

La Formación Teológica Comienza

Abandoné mis planes de convertirme en arquitecto y comencé a estudiar teología. Me inscribí en Griggs University y más adelante continué mi formación en la Universidad Adventista de las Antillas en Puerto Rico. Cada clase, cada noche de estudio, cada inmersión profunda en las Escrituras me acercaba más al Dios a quien una vez prometí servir. No solo estaba aprendiendo teología—estaba recuperando mi identidad. Finalmente, me estaba convirtiendo en quien había prometido ser.

De muchas maneras, mi camino reflejaba la vida de Moisés. Nacido en medio del peligro, criado con privilegios, exiliado por su fracaso y llamado de vuelta a su propósito—Moisés sabía lo que era olvidar un llamado y ser recordado por Dios. Huyó de Egipto, sepultado por la vergüenza y el miedo, solo para encontrarse con Dios en la soledad del desierto. Yo también huí—de Honduras a Estados Unidos, de la iglesia a la rebeldía, de la promesa al rendimiento. Pero, como Moisés, volví a encontrarme con Dios—no a través de una zarza ardiente, sino por medio de una convicción que ardía en el alma.

Llamado y Enviado

Los paralelismos continuaban apareciendo. Moisés intentó descalificarse a sí mismo—"Soy tartamudo", dijo. "No soy suficiente." Yo me repetía las mismas mentiras. No estoy lo suficientemente preparado. He cometido demasiados errores. Es demasiado tarde. Pero Dios no necesitaba perfección; Él necesitaba rendición. Así que le di lo que tenía— mi quebranto, mi pasado, mi potencial. Dios lo aceptó todo y lo usó como material para el ministerio.

Hoy sirvo como pastor parroquial y capellán de la Marina, no porque sea mejor que nadie, sino porque Dios es fiel con todos los que le dicen que sí, incluso si ese "sí" llega con años de retraso. He aconsejado a militares que luchan con adicciones, traumas, dudas y desesperanza. He orado con los quebrantados, predicado a los escépticos y acompañado a los moribundos. Cada vez que ministro, pienso en aquel niño en Honduras. Recuerdo la banca fría, el cielo inmenso y la promesa susurrada. Ahora veo que Dios nunca desechó ese momento. Lo cuidó, lo regó y lo vigiló hasta el día en que yo estuviera listo.

Un Legado de Gracia y Llamado

Mi historia es un testimonio de lo que Dios puede hacer con alguien que el mundo podría pasar por alto. No tenía nada que ofrecer, salvo honestidad. Nací en la pobreza, crecí sin mis padres, fui moldeado por la adversidad y marcado por la rebeldía. Y aun así, Dios usó cada parte de mi historia como parte de Su plan. Él no elige basado en el currículum o la reputación. Él elige basado en la disposición—y a veces, esa disposición nace en el desierto.

A cualquiera que lea esto y se sienta olvidado, descalificado o sin rumbo—sepa esto: Dios recuerda tus promesas, incluso cuando tú las olvidas. Él escucha las oraciones que hiciste de niño y las guarda hasta que estés listo para cumplirlas como adulto. Tu comienzo puede ser humilde, pero tu llamado es santo. Y el Dios que me esperó, también te está esperando a ti.

Pero entiendo cómo puede parecer mi historia desde afuera. "Se unió al ejército y perdió la fe." Eso es lo que muchos piensan. Algunos incluso lo dicen con lástima en la voz, como si me hubiera desviado del camino y apenas hubiese logrado regresar. Comprendo su lógica. Desde afuera, mi asistencia a la iglesia era inconsistente.

Mis decisiones no siempre reflejaban a Cristo. Pasé algunas noches en bares locales con amigos, y hubo temporadas en las que mi fervor espiritual parecía completamente apagado. Pero las suposiciones a menudo confunden silencio con ausencia, y lucha con abandono.

Lo que no vieron fueron los sábados por la mañana en que encontraba una iglesia—a veces pequeña, a veces desconocida—y me deslizaba en la banca trasera para escuchar un susurro de Dios. Lo que no sabían eran las conversaciones sinceras que tuve con pastores locales que hablaron a mi vida sin juzgarme. Lo que no notaron fueron los momentos frente al espejo, vestido con mi uniforme de gala, preguntándome en silencio quién estaba llegando a ser—y si Dios aún recordaba al niño en aquella banca.

La verdad es que nunca dejé de buscar a Dios. Puede que haya vagado por el desierto, pero nunca solté Su mano. Incluso en mis momentos más distantes, algo dentro de mí seguía tirando de mí hacia la luz. No me alejé de la fe; estaba aprendiendo a caminar en ella como hombre, ya no como niño. Mi fe ya no era prestada—ni de mis padres, ni de mi cultura. Estaba empezando a ser mía.

Fe en el Horno

La vida militar, especialmente en los Marines, es un fuego refinador constante. Quema las apariencias y revela el núcleo de quién eres en realidad. La presión, la disciplina, el agotamiento—todo eso te despoja hasta dejarte con la humanidad en bruto. Para mí, eso expuso mis contradicciones. Era un hombre capaz de guiar a los Marines en formación, pero aún no podía guiar su propia alma hacia una comunión constante. Podía imponer respeto con el uniforme, pero luchaba por hablar el lenguaje de la oración. Y sin embargo, Dios, como un alfarero paciente, seguía moldeándome.

CAPÍTULO 12: LA EXPERIENCIA DE CONVERSIÓN

Hay una belleza en darse cuenta de que la formación espiritual no es un solo llamado al altar ni un momento de conversión espectacular. A veces, es una serie de empujones suaves, oraciones torpes y revelaciones silenciosas. A veces, es estar sentado en un bar con un amigo y darte cuenta, a mitad de conversación, de que tu corazón anhela algo más. A veces, es escuchar una canción en la iglesia que te transporta a los caminos de tierra de tu infancia y a la banca de cemento donde una vez hiciste una promesa.

Dios estuvo presente en todo eso—en la alegría y la culpa, en la risa y el anhelo. Él no se alejó cuando cometí errores. Se acercó más. Él me permitió saborear el vacío de perseguir los aplausos para que anhelara la riqueza de Su presencia. Me dejó bailar en escenarios para que descubriera que mi alma fue creada para un tipo de audiencia muy diferente.

El Arquitecto Improbable

Cuando declaré arquitectura como mi carrera, pensé que había encontrado mi llamado. Disfrutaba diseñar cosas. Había control en ello, orden y propósito. Pero seguía diseñando edificios cuando Dios quería que yo edificara personas. Las estructuras que trazaba en papel no se comparaban con las almas humanas que un día aconsejaría, guiaría y levantaría. Aún no podía verlo, pero Dios sí. Y esperó pacientemente hasta que yo también pudiera.

Cuanto más avanzaba en mis estudios, más desilusionado me sentía. Incluso mi pasión por la danza y el entretenimiento no podía adormecer la insatisfacción silenciosa que crecía en mi corazón. Estaba rodeado de ruido, pero mi espíritu se sentía apagado. Fue en ese estado que tomé la clase sobre el Evangelio de Jesucristo—sin esperar una transformación, solo tratando de cumplir con un requisito académico.

¿Pero no es así como actúa Dios? Nos encuentra donde menos lo esperamos. Una materia electiva rutinaria se convirtió en un encuentro divino. Un libro de texto se volvió una voz profética. Y de pronto, la voz largamente perdida de aquel niño de diez años regresó a mí. Recordé la banca. Recordé las estrellas. Recordé la promesa.

Memoria Divina

Lo que aún me asombra hasta el día de hoy no es solo que yo haya recordado—es que Dios nunca olvidó. Habían pasado siete años. Siete años de silencio, distracción, compromiso a medias y búsqueda. Y aun así, Él recordaba. No de una forma que me condenara, sino de una forma que me invitaba. Recordó mi voto, no para avergonzarme por haberlo olvidado, sino para cumplirlo con gracia y propósito.

A veces imagino a Dios observando mi camino—no con los brazos cruzados, sino con las manos abiertas. Manos que esperaron. Manos que me cubrieron cuando pude haber caído más profundo. Manos que suavemente pasaban las páginas de mi vida hacia la redención. Su memoria no es como la nuestra, empapada de amargura y arrepentimiento. Su memoria es redentora. Él recuerda para restaurar, no para castigar.

Cuando finalmente dije que sí de nuevo, no sentí regaño alguno. Solo bienvenida. Solo calidez. Solo la seguridad de que nunca es demasiado tarde para comenzar de nuevo. Esa es la esencia de la gracia.

El Espejo de Moisés

Comencé a ver mi historia reflejada en la vida de Moisés. Aquí estaba un hombre rescatado de bebé, criado con privilegios, movido por la justicia, pero también marcado por el fracaso. Moisés tomó una decisión impulsiva—mató a un egipcio—y huyó al desierto. Durante cuarenta años vivió en el anonimato, quizá creyendo que su llamado había expirado. Pero Dios no lo había olvidado. Se encontró con Moisés en el desierto, no para recordarle su culpa, sino para reavivar su propósito.

Yo no era un asesino como Moisés, pero me había exiliado de otras formas—huyendo del peso de la responsabilidad, escondiéndome detrás de excusas, postergando la obediencia. Y al igual que Moisés, discutí con Dios cuando el llamado volvió. "No estoy listo. No soy lo suficientemente santo. He perdido demasiado tiempo." Pero Dios acalló esas voces con el mismo mandato suave: "Yo estaré contigo."

Eso era todo lo que necesitaba.

Comencé mi formación teológica, al principio con lentitud, aún con dudas. Pero cada clase despertaba algo antiguo dentro de mí. Mis libros de texto se convirtieron en escritura. Mis profesores se volvieron pastores. Mis antiguas dudas se transformaron en nuevas preguntas que me llevaron a una fe más profunda. No solo estaba aprendiendo teología—estaba redescubriendo mi identidad.

El Llamado de un Capellán

Eventualmente, acepté mi doble llamado—servir como pastor parroquial y como capellán de la Marina. Y ahora, cuando camino por los pasillos de los barcos o me siento frente a miembros del servicio que están sufriendo, reconozco la misma sensación de pérdida que yo una vez sentí. Veo en ellos el hambre espiritual que yo mismo intenté ignorar. Y tengo la oportunidad de ofrecer algo real—no religión por religión, sino relación. No rituales vacíos, sino encuentros significativos con el Dios viviente.

He sostenido a marineros en oración después de que perdieron a un padre. Me he quedado despierto hasta tarde aconsejando a Marines luchando con la depresión. He estado bajo el sol ardiente oficiando bodas y en el frío de la noche pronunciando elogios fúnebres. Y en cada momento, sé que para esto me estuvo preparando Dios, cuando esperó a que yo recordara la promesa.

Cada bendición que doy, cada sermón que predico, cada oración silenciosa que susurro sobre alguien que se siente invisible—todo se remonta a una noche estrellada en Honduras, cuando un niño de diez años hizo una promesa que Dios nunca olvidó.

Propósito en el Desierto

A veces, las personas creen que sus errores los descalifican. Que el tiempo que han perdido no puede ser redimido. Que la promesa que rompieron los excluye del servicio. Pero así no es como obra Dios. Él se especializa en la resurrección—no solo de cuerpos, sino de sueños, de llamados, de destinos.

Mi camino no fue limpio. No fue lineal. Pero fue santo. Y el tuyo también puede serlo.

Quiero hablar directamente con alguien que esté leyendo esto y piense: "Ya es demasiado tarde para mí." No lo es. Si Dios me esperó a mí, te esperará a ti. Si redirigió a Moisés en una zarza ardiente, puede encontrarse contigo en tu sala, tu cuartel o tu auto. Si usó mis fracasos para formarme como ministro, puede usar los tuyos para dar a luz algo hermoso.

No tienes que ser perfecto para ser llamado. Solo tienes que estar dispuesto.

La Fidelidad de Dios, No La Mía

En el corazón de este capítulo no está mi disciplina, mi lealtad, ni mi obediencia final. En el corazón de esta historia está la fidelidad de Dios. Es Su disposición a esperar. Su compromiso de buscar. Su negativa a soltarme, incluso cuando yo sí lo hice. Es Su gracia incansable la que atravesó mi rebeldía, mi confusión e incluso mi orgullo para recordarme que Él termina lo que comienza.

Así que cuando hoy me pongo el uniforme—sea clerical o militar—no es una insignia de mis logros. Es un símbolo de Su paciencia. Su misericordia. Su visión. No soy pastor porque me lo gané. Soy pastor porque Dios cumplió Su promesa.

Y aún lo sigue haciendo.

PARTE IV

ENTRANDO EN GUERRA

CAPÍTULO 13

El Código Morse

*A*NTES DE ENTERDERLO, el código Morse me sonaba como caos—una secuencia aleatoria de clics, pitidos o destellos sin forma ni sentido. Se sentía desconectado, como un idioma roto. La primera vez que lo escuché fue viendo un documental de guerra en la secundaria. Un operador naval golpeaba una tecla metálica, enviando puntos y rayas a través de la estática. Recuerdo haber pensado: ¿Cómo puede alguien darle sentido a eso?

Y sin embargo, al otro lado del océano, alguien estaba recibiendo exactamente esos golpes—interpretándolos al instante como palabras, direcciones y órdenes. Ese ruido disperso era, en realidad, un mensaje íntimo. Una línea de vida. No era solo comunicación; era supervivencia. Y durante la guerra, a menudo marcaba la diferencia entre la victoria y la derrota.

El código Morse fue diseñado con una simplicidad bella y brutal: señales cortas y largas que representan letras. Por sí solo, un punto no significaba nada. Una raya no significaba nada. Pero juntos, eran poder.

Juntos, llevaban claridad—a quienes estaban entrenados para entenderlo.

Código Divino

En la Segunda Guerra Mundial, estas señales definieron el resultado de muchas batallas. El código Morse se usaba a bordo de barcos navales, en aviones y en las líneas del frente, donde hablar era demasiado peligroso o directamente imposible. En la Batalla de Midway, inteligencia crítica fue transmitida por medio de código Morse y sistemas cifrados. La Marina de los EE. UU., habiendo descifrado partes del código japonés, utilizó señales sutiles para engañar y atrapar a los portaaviones enemigos, lo que condujo a un punto decisivo en el Teatro del Pacífico. Los mensajes no eran largos. No se gritaban. Eran ráfagas breves de luz y sonido—lenguaje codificado que solo podía ser comprendido por quienes habían estudiado el patrón.

El poder del código Morse no residía en lo fuerte que fuera, sino en lo preciso. No estaba diseñado para que todos lo entendieran. De hecho, su propósito era ocultar el mensaje de los enemigos mientras entregaba instrucciones que salvaban vidas a los entrenados. Y funcionó. Se salvaron incontables vidas, se completaron innumerables misiones, porque alguien sabía cómo leer un código que el enemigo no podía romper.

Cuanto más aprendía sobre esto—no en documentales, sino en entrenamientos reales y estudios históricos—más comenzaba a ver algo sorprendente en mi caminar con Dios: Él también habla en código.

No a todos les gusta admitirlo. Queremos creer que Dios siempre habla de forma clara, fuerte y directa. Pero no lo hace. Al menos no siempre. Más a menudo de lo que creemos, Él habla en lo que parece caos—en la dificultad, en la espera, en lugares inesperados. Habla a través de pruebas. A través del dolor. A través de lo que parece contradicción.

Y al principio, todo parece ruido aleatorio.

Cuando me uní al ejército, no podía entender lo que Dios estaba haciendo. ¿Por qué un Dios de paz llamaría a alguien a una institución de guerra? ¿Por qué colocaría a alguien que odiaba la violencia en un sistema construido sobre la preparación para el combate y la destrucción? ¿Por

CAPÍTULO 13: EL CÓDIGO MORSE

qué permitiría que alguien se rompiera para poder ser reconstruido?

No tenía sentido.

Y entonces, un día—en medio de un entrenamiento en el campo—lo sentí. No una respuesta. No un momento de claridad. Sino un patrón.

Estaba aprendiendo obediencia. Disciplina. Resistencia. Hermandad. Humildad. Cosas por las que había orado—pero que esperaba aprender en bancas de iglesia y reuniones de oración, no a través de rifles y mochilas de campaña. Me di cuenta de que Dios no había guardado silencio—simplemente yo no había sido entrenado para reconocer Su voz en este formato.

Dios no estaba gritando. Estaba tocando. Y cada momento, cada día, cada cosa difícil se volvía una señal en el código.

Lo que antes veía como caos, ahora lo veía como comunicación divina.

Romanos 11:33 dice: "¡Oh profundidad de las riquezas de la sabiduría y del conocimiento de Dios! ¡Cuán insondables son sus juicios e inescrutables sus caminos!" Ese versículo siempre me sonó poético… hasta que lo viví. Hasta que sentí que caminaba por un sendero que no tenía sentido humano—solo para descubrir que Dios me estaba guiando con un mapa escrito en código Morse divino.

Mira, cuando estás del otro lado de la voz de Dios, y no encaja con tus expectativas, tu primer instinto es dudar. Quieres zarzas ardientes, no barracones militares. Quieres ángeles y visiones, no misiones tácticas y vigilias nocturnas. Pero Dios no nos debe un lenguaje claro. Él nos da una fe codificada porque afina nuestro oído.

El código Morse es difícil de descifrar cuando no has sido entrenado para ello. Lo mismo ocurre con la voz de Dios cuando lo único que has deseado es conveniencia.

Me pregunto cuántas personas se han alejado del llamado que Dios les dio simplemente porque el código no tenía sentido al principio. Me pregunto cuántos creyentes están preguntando: "¿Por qué estoy en esta temporada? ¿Por qué este dolor? ¿Por qué este entorno?", sin darse cuenta de que están dentro del mismo mensaje que Dios ha estado tratando de enviarles.

Tal vez no sea caos. Tal vez sea código.

He llegado a creer que lo que a menudo interpretamos como demoníaco, profano o irracional podría ser, en realidad, la plataforma de una comunicación divina. Porque Dios no solo habla a través de milagros —también habla a través del misterio.

Cuando ahora miro hacia atrás en mi alistamiento, en la confusión inicial, los momentos de dificultad, las cosas que no entendía—veo el mensaje. No todo, pero lo suficiente como para saber que no fue aleatorio. Mi incomodidad era parte de un patrón. Mi sufrimiento era parte de la sintaxis del cielo. Dios estaba usando un lenguaje para el cual aún no había aprendido a escuchar.

Y tal vez esa sea la pregunta con la que todo cristiano uniformado debería luchar: ¿Y si tu servicio—con toda su contradicción y dificultad— es la forma en que Dios está hablando no solo contigo, sino a través de ti? ¿Y si tu obediencia al unirte a las fuerzas armadas es Su código para alcanzar a otra persona? ¿Y si tu puesto es una oración dentro de la historia de salvación de alguien más?

Decimos cosas como "Dios obra de maneras misteriosas", pero rara vez nos detenemos a interpretar el misterio. Queremos el mensaje, pero no el método. Sin embargo, Dios siempre ha usado vehículos extraños para entregar la verdad: un burro, una prostituta, una cruz romana, un perseguidor llamado Saulo. Él habla a través de lo que parece ofensivo. Él entrega a través de lo que parece no calificado.

Así que tal vez el ejército—con su violencia y su vulgaridad, con su pérdida y maquinaria, con su orden y su caos—sea exactamente el tipo de lugar desde donde Dios habla. No porque se deleite en la guerra, sino porque sabe cómo codificar gloria en medio de lo que parece locura.

Tal vez el código Morse divino no se trata de puntos y rayas—tal vez se trata de significado envuelto en misterio. Tal vez los destellos de sufrimiento, los silencios entre asignaciones, los momentos de obediencia en la oscuridad, son parte de la oración que Él aún está formando.

Y tal vez la razón por la cual Satanás no puede detenerlo es la misma por la que las fuerzas japonesas no podían descifrar nuestros códigos— porque no fueron escritos para ellos. Porque solo los que han sido entrenados para oír, podrán entender.

La Confusión Del Código

Si el código Morse me enseñó algo, es que la claridad no es un requisito previo para la efectividad. De hecho, su genialidad reside en su confusión. Lo que parece sin sentido para el enemigo se convierte en vida para quien conoce la clave. Y ese principio ha ganado guerras.

Durante la Segunda Guerra Mundial, el secreto en la comunicación era tan valioso como la munición. Los ejércitos necesitaban una forma de transmitir órdenes sin revelar sus intenciones. Los Aliados dominaron esto mediante una combinación de cifrados, libros de códigos y silencio radial, pero el sistema más indescifrable provino de una fuente que nadie esperaba: los Navajo Code Talkers. Los Marines de los Estados Unidos reclutaron a hablantes de navajo para desarrollar un código completamente nuevo basado en su lengua originaria.

Era tan único, tan desconocido para los criptógrafos japoneses, que se volvió prácticamente imposible de descifrar. Mensajes sobre movimientos de tropas, posiciones de artillería y operaciones secretas podían enviarse en segundos con total confianza. El General de División Howard Connor, oficial de señales durante la Batalla de Iwo Jima, dijo más tarde: "De no ser por los navajos, los Marines nunca habrían tomado Iwo Jima."

La genialidad de ese código no era que fuera complicado—sino que era ajeno al enemigo. Podían interceptar cada sílaba, pero sin la clave, era solo ruido sin sentido. La victoria dependía de la diferencia entre oír y entender.

Esa realidad es exactamente como se siente la comunicación de Dios a veces. Las personas que no lo conocen pueden oír los mismos sermones, leer los mismos versículos, incluso experimentar los mismos eventos, pero todo es ruido sin revelación. El código es audible, pero ininteligible, hasta que uno ha sido entrenado por el Espíritu para reconocer sus patrones.

Isaías 55:8–9 lo resume perfectamente: "Porque mis pensamientos no son vuestros pensamientos, ni vuestros caminos mis caminos, dice el Señor. Como son más altos los cielos que la tierra, así son mis caminos más altos que vuestros caminos, y mis pensamientos más que vuestros pensamientos." Dios no solo es más sabio. Él opera en una dimensión que no comprendemos naturalmente. Sus mensajes llegan envueltos en simbolismo, en tiempo perfecto y en paradojas, igual que la profecía.

Toma por ejemplo las visiones de Daniel o el Apocalipsis de Juan. Bestias con cuernos. Números con significados ocultos. Ángeles midiendo ciudades con varas de oro. Durante siglos, esos mensajes fueron ridiculizados como sin sentido. Incluso hoy, muchos los leen y solo ven confusión. Pero para quienes han sido entrenados en la Escritura, en la humildad, en la oración, emergen patrones. La profecía es como una criptografía divina—puntos y rayas de imágenes que apuntan a un mensaje mayor que solo se vuelve claro cuando Dios lo ilumina.

He aprendido que Dios muchas veces actúa como un "code talker" en nuestras vidas. Usa experiencias, entornos, incluso personas que jamás esperaríamos, como Su vocabulario. Para un extraño, parece caos. Para quien conoce Su voz, se convierte en un mapa. Cuando me uní por primera vez al ejército, la idea de que Dios pudiera usar algo tan violento e imperfecto para formar algo santo parecía imposible. Pero al mirar atrás, veo cómo cada asignación, cada prueba, cada momento de disciplina formó una palabra en Su mensaje para mí.

Lo mismo ocurre con la profecía. Cuando Dios le dio a Daniel visiones de imperios que se levantaban y caían, o cuando el Apocalipsis pintó imágenes crípticas de bestias y plagas, no lo hizo para asustar o confundir a Su pueblo. Estaba codificando una advertencia y una esperanza en un formato que el enemigo no podía destruir. El ministerio Amazing Facts suele comparar la profecía bíblica con una carta codificada —símbolos que al principio parecen extraños, pero que revelan un mensaje sorprendentemente coherente cuando se interpretan correctamente. La profecía no era aleatoria. Era estratégica. Como el plan de batalla de un general, oculto de los ojos enemigos pero transmitido con claridad a las tropas que tienen la clave.

Así es como funciona el código Morse divino. El mundo escucha estática. El enemigo intercepta señales. Pero el Espíritu traduce.

Recuerdo estar sentado en un servicio religioso durante el entrenamiento, exhausto y preguntándome por qué siquiera había asistido. El capellán leyó Romanos 8:28, un versículo que había oído mil veces: "Y sabemos que a los que aman a Dios, todas las cosas les ayudan a bien, esto es, a los que conforme a su propósito son llamados." Pero ese día, con mi uniforme lleno de tierra, sudando y con las manos agrietadas, me golpeó de forma diferente. No era un cliché. Era un código. Todas las cosas. Incluso esto. Incluso aquí. Incluso las órdenes que no me gustaban, el dolor que no entendía, el aislamiento que no había elegido. Todo formaba parte del patrón.

El enemigo puede escuchar tus oraciones. Puede ver tus movimientos. Puede conocer tus debilidades. Pero no puede descifrar la intención de Dios. No puede desentrañar el propósito tejido en el lugar donde Él te ha colocado. Así como los criptógrafos japoneses se sentaban en salas llenas de mensajes interceptados, rascándose la cabeza en frustración, así también el infierno observa cómo el pueblo de Dios se mueve hacia lugares y posiciones que no tienen sentido en papel—solo para darse cuenta, demasiado tarde, de que esos mismos movimientos estaban preparando un avance.

Esa revelación reformuló todo mi recorrido militar. Lo que antes veía como desvíos, comencé a verlo como puntos y rayas. Lo que antes llamaba aleatorio, empecé a llamarlo un mensaje. El código estaba funcionando—no porque entendiera cada parte, sino porque confiaba en el Emisor.

Y esa es la invitación para todo creyente, especialmente para quienes llevan uniforme: no desprecies el código. No rechaces el misterio solo porque se siente confuso. Entrena tu oído. Acércate. La comunicación de Dios no siempre es lineal, pero siempre es intencional. Lo que parece ilógico puede ser Su estrategia. Lo que parece profano puede ser Su instrumento. Lo que parece guerra puede ser Su manera de llevar paz a alguien que, de otro modo, jamás habría escuchado el evangelio.

El código Morse en la guerra era simple: puntos y rayas. Sin embargo, derrotó imperios porque su clave estaba oculta. El código Morse de Dios puede parecer dolor y paradoja, pero su clave está escondida en Cristo. Si te mantienes cerca de Él, comenzarás a oír las palabras detrás del ruido.

Mensajes en el Fuego

La primera vez que realmente escuché la voz de Dios, no sonaba como lo había imaginado. No fue un susurro suave, ni un grito poderoso desde el cielo. Llegó en forma de fuego—confusión, dificultad y silencio. Pero de alguna manera, en medio de todo eso, algo en mi espíritu supo: era Él. No me había desviado. Estaba exactamente donde debía estar. Solo que no se sentía así.

Ya no solemos asociar la voz de Dios con el fuego. Esperamos paz. Claridad. Una confirmación limpia y pulida. Pero en las Escrituras, Dios habla a través de llamas con mucha más frecuencia que a través de brisas suaves. Piensa en Moisés—fue en la zarza ardiente donde Dios reveló Su nombre y Su misión. O en Sadrac, Mesac y Abed-nego—lanzados a un horno literal, y aun así, fue en ese calor donde Dios apareció.

El dolor es, a menudo, la puntuación en el código divino.

A medida que continuaba mi tiempo en servicio, llegué a darme cuenta de que algunos de los mensajes más claros de Dios llegaron cuando estaba en mis momentos más bajos—durante despliegues, pérdidas personales, separación de mi familia, e incluso al ver sufrir a otros. El calor de esos momentos quemó mis suposiciones. Despojó la comprensión superficial que tenía de Dios. Solo dejó lo que era real—lo que había sido forjado.

Durante la invasión del Día D en la Segunda Guerra Mundial, la comunicación lo era todo. Batallones enteros esperaban breves transmisiones codificadas para moverse. La vida dependía de recibir la señal correcta en el momento exacto. Soldados agachados tras bunkers, mojados y temblando, aferraban sus armas esperando un solo toque en la tecla—una ráfaga de sonido, un destello de luz—antes de lanzarse hacia la historia. No tenían el plan de batalla completo. Solo tenían el siguiente movimiento. Y ese movimiento lo cambiaría todo.

Así es como se siente muchas veces caminar con Dios a través del fuego. No recibes el mapa completo. Solo recibes una señal—un "punto" o "raya" espiritual en forma de una llamada inesperada, un versículo que no buscabas o una puerta que se cierra de golpe. Y si no te has entrenado para escuchar a través del ruido crepitante del miedo o del agotamiento, podrías perderlo. Pero cuando lo captas—cuando el patrón se vuelve claro—te das cuenta de que has estado moviéndote dentro de un mensaje todo el tiempo.

En esos momentos, recordaba las palabras de Romanos 8:28: "Y sabemos que a los que aman a Dios, todas las cosas les ayudan a bien." Es un versículo reconfortante, pero a menudo despojado de sus raíces en el campo de batalla. Pablo no escribió eso desde unas vacaciones. Lo escribió desde una vida destrozada por el sufrimiento—naufragios, azotes, traiciones, encarcelamientos. Y aun así, en todas esas dificultades, Pablo descifró un mensaje mayor: Dios obra a través del fuego. No lo evita.

El fuego no era una falla en el sistema. Era el sistema. Era la manera en que Dios señalaba algo más profundo. Algo eterno.

El ejército me dio una lente para ver esto con claridad. Nos entrenaban para sufrir—para seguir avanzando sin dormir, para cumplir la misión con la espalda adolorida, para confiar en la orden incluso cuando no podíamos ver el objetivo. Era frustrante. Se sentía injusto. Pero cada uno de esos momentos forjaba el tipo de obediencia que se sostiene cuando todo lo demás se derrumba.

¿Y acaso no es así la vida cristiana?

Cuando oras por propósito, y lo que recibes es presión. Cuando pides paz, y Él te envía a una batalla. Cuando tus oraciones parecen no tener respuesta, pero cada puerta te está moviendo hacia algún lugar. Eso no es que Dios te ignore—es que está comunicándose en una frecuencia que la mayoría ha dejado de sintonizar.

Eso es código Morse divino.

Piensa en José, en el Antiguo Testamento. Dios le dio sueños siendo un adolescente. Pero en lugar de un camino directo hacia el palacio, José fue arrojado a un pozo, vendido como esclavo, falsamente acusado y encarcelado. Si fueras tú, ¿qué oirías en esos momentos? ¿Silencio? ¿Abandono? ¿O aprenderías, como José, a confiar en el patrón de la mano de Dios, incluso cuando el significado parece perdido?

Al final de su vida, José vio el mensaje detrás del misterio. Miró a los ojos a los mismos hermanos que lo traicionaron y dijo en Génesis 50:20: "Vosotros pensasteis mal contra mí, mas Dios lo encaminó a bien." Ese fue el código divino de José descifrado—años después, a través del fuego y del silencio, la señal se volvió clara. Todo formaba parte del mensaje.

Y aquí es donde se vuelve profundamente personal: ¿y si el dolor por el que estás caminando no es castigo—sino un párrafo en la liberación de alguien más? ¿Y si el fuego que estás soportando no es aleatorio—sino un refinamiento? ¿Y si tu alistamiento, tu obediencia al entrar en el campo de batalla de la vida militar, no es un desvío del plan de Dios sino una parte deliberada de Su gloria?

El mundo lo llama trauma. Dios podría estar llamándolo testimonio. El mundo ve violencia. Dios ve vasijas siendo moldeadas.

En Apocalipsis, Juan ve un rollo sellado con siete sellos—un mensaje que nadie podía leer. Los ancianos lloraban porque parecía que nadie podía abrirlo. Pero entonces, una voz anunció: "El León de la tribu de Judá ha vencido." Y solo el Cordero podía abrir el rollo. Solo Jesús podía romper el sello.

Algunos mensajes en tu vida permanecerán sellados hasta que Cristo mismo los abra. Algunas temporadas no tendrán sentido hasta que Él traiga revelación. Pero el hecho de que ahora no puedas leer el código, no significa que no seas parte de él.

He aprendido a no temerle al fuego. Porque el fuego es donde se envían las señales más claras. Y he aprendido a no maldecir el código—porque lo que parece confusión a menudo es salvación disfrazada. Una carta retrasada. Una orden negada. Una relación fallida. Todo puede ser puntos y rayas de Dios, deletreando un mensaje que solo se ve en retrospectiva.

Pensamos que Dios solo habla en comodidad. Pero Él habla en líneas de comando. En heridas. En los kilómetros agotadores que marchamos sin explicación.

Y si escuchas—si realmente escuchas—comenzarás a oír el patrón.

El Enemigo No Puede Descifrar La Obediencia

Si hay algo que el campo de batalla te enseña, es que la obediencia no se trata de entender—se trata de confiar. Las órdenes no vienen con explicaciones. No recibes un informe completo sobre los resultados antes de moverte. Simplemente te mueves. Actúas. Sigues. Haces lo que se te ha pedido porque quien dio la orden sabe algo que tú no.

Eso es lo que hace que la obediencia espiritual sea un arma tan poderosa—y un código tan imposible de descifrar para el enemigo.

En la guerra, los mensajes son interceptados todo el tiempo. El enemigo capta transmisiones, observa movimientos, se infiltra en las líneas. Pero los mensajes que funcionan—los que ganan guerras—son aquellos tan profundamente encriptados que, incluso cuando se oyen, no pueden ser entendidos.

Durante la Segunda Guerra Mundial, esta verdad fue puesta a prueba brutalmente. En un momento, la armada japonesa interceptó transmisiones estadounidenses y creyó erróneamente que el próximo objetivo sería Midway. Pero no estaban seguros. Así que, para confirmarlo, los estadounidenses enviaron un mensaje falso codificado desde Midway diciendo que su sistema de agua había fallado. Poco después, las comunicaciones japonesas repitieron que "AF tenía escasez de agua"—confirmando para los analistas estadounidenses que "AF" era, de hecho, Midway. Esa mentira descifrada permitió a Estados Unidos preparar una emboscada que cambió el rumbo de toda la guerra en el Pacífico.

El enemigo tenía acceso. Estaba escuchando. Pero malinterpretó el mensaje—y eso le costó todo.

Pienso mucho en esa historia cuando reflexiono sobre el enemigo de nuestras almas. Satanás escucha nuestras oraciones. Ve nuestra adoración. Observa nuestras rutinas. Pero lo que no puede descifrar—lo que nunca ha podido anticipar—es la obediencia cruda, no ensayada.

Cuando Dios te dice que des un paso que no tiene sentido—perdonar a alguien que no lo merece, hablar cuando sería más fácil callar, enlistarte cuando planeabas ir al ministerio, quedarte cuando cada célula de tu cuerpo quiere huir—y obedeces de todos modos, activas una frecuencia que el enemigo no puede rastrear.

Satanás opera con lógica, ego e impulso. Pero la obediencia—una obediencia costosa, irracional, basada en la fe—desarma por completo su manual de estrategias.

Piensa en Abraham. Dios le dice que deje su tierra, su familia, y que vaya "al lugar que yo te mostraré." No "al lugar que te mostré." No "al lugar que te encantará." Solo... ve. Abraham obedece. Y esa obediencia se convierte en la plataforma de lanzamiento de una nación, un pacto y un plan de redención que se extendería por generaciones. Satanás no pudo detenerlo—porque no lo vio venir.

Luego está Ester. Una joven judía en un palacio persa. Nadie sabía quién era en realidad. Y cuando Amán tramó un genocidio, el mensaje codificado de Dios llegó a través de su tío: "¿Y quién sabe si para esta hora has llegado al reino?" ¿Qué hace ella? Obedece. Arriesga su vida. Entra en la presencia del rey sin ser llamada. Su valentía, envuelta en obediencia, reescribe la historia.

Y por supuesto, está Jesús—el código divino supremo en carne humana. Nacido en un pesebre, no en un trono. Montado en un burro, no en un caballo de guerra. Crucificado, no coronado. Para los líderes religiosos de la época, no parecía un rey. Para Roma, no parecía una amenaza. Para Satanás, parecía un hombre vulnerable en una posición débil. Pero lo que ninguno de ellos comprendió fue que cada paso de la obediencia de Cristo era parte de una misión codificada—un patrón tan divino que ni siquiera la muerte pudo descifrarlo.

La cruz parecía una derrota. En realidad, fue la detonación de la salvación.

Eso es lo que hace la obediencia. Confunde al infierno. Arruina las predicciones demoníacas. Rompe las expectativas.

La obediencia no es glamorosa. No siempre es aplaudida. Rara vez tiene sentido en el momento. Pero es la cosa más profética que un creyente puede hacer. Y es la única cosa que Satanás no puede falsificar.

Cuando me uní al ejército, luché con la decisión. Había personas en mi vida que no podían entenderlo—cristianos que decían: "¿Cómo puedes seguir a Cristo y portar un arma?" No entendían que yo no estaba siguiendo un patrón cultural. No buscaba identidad ni poder. Estaba respondiendo a una señal que no era para ellos. Era obediencia—y estaba codificada.

Hasta el día de hoy, puede que no entienda todas las razones por las cuales fui llamado al servicio. Pero sé que durante mi tiempo con el uniforme, he estado en lugares donde el evangelio necesitaba ser hablado. He orado sobre cuerpos quebrantados por la guerra. He aconsejado corazones que los pastores nunca habrían alcanzado. He visto la oscuridad de cerca—y he visto la luz brillar con más intensidad a causa de ello.

El enemigo nunca vio eso venir. Porque nunca ve venir la obediencia.

Él espera que actúes como él—orgulloso, reactivo, centrado en ti mismo. Espera que te preserves. Que cuestiones el llamado. Que retrases la misión hasta que se alinee con tu comodidad. Pero cuando obedeces a pesar de la confusión—cuando dices "sí" antes de saber "por qué"—estás caminando en un lenguaje que él no puede descifrar.

Esa es la brillantez divina de todo esto.

En Jeremías 29:11, Dios dice: "Porque yo sé los planes que tengo para vosotros…" No dice que tú los conoces. No los expone por completo. Simplemente pide confianza. Fe. Obediencia.

En el ejército decimos: "No nos corresponde preguntar por qué; solo hacer y, si es necesario, morir." Eso no es lealtad ciega—es sumisión funcional. Porque confiamos en que alguien ve más de lo que nosotros vemos.

Espiritualmente, lo mismo es cierto. No sigo a Dios porque entienda todo. Lo sigo porque Él es el Comandante Supremo de la eternidad—y Sus órdenes siempre conducen a la victoria, incluso si pasan por un campo de batalla.

Así que cuando sientas la tensión entre lo que Dios está pidiendo y lo que esperabas, no intentes descifrar todo el plan. Solo actúa según la próxima orden. Solo sigue la última señal. Solo confía en el tono de Su voz. Tu obediencia puede ser la clave que desbloquee un avivamiento, un rescate o una revelación en la vida de otra persona.

¿Y lo mejor de todo? El enemigo aún no lo verá venir.

Cuando El Cielo Envía Una Señal

La genialidad del código Morse no estaba en su volumen—estaba en su precisión. Un mensaje enviado a través de campos de batalla ruidosos, durante tormentas, o en medio de la estática radial no necesitaba ser largo ni fuerte. Solo necesitaba ser exacto. El receptor no requería un discurso, solo una señal. Y si el receptor estaba entrenado, incluso un solo punto o raya podía transmitir un significado crucial para la misión.

Así es como Dios habla.

Con el tiempo, he aprendido que el cielo no necesita alzar la voz para ser escuchado. Solo necesita oídos entrenados. Las señales de Dios no siempre vienen envueltas en momentos milagrosos o señales obvias. A menudo, son sutiles. Silenciosas. Incluso repetitivas. Una palabra de un amigo. Un versículo bíblico mencionado al pasar. Una carga que no se disipa hasta que obedeces. Una demora que no querías. Una tarea que nunca pediste. Por separado, esos momentos pueden parecer insignificantes. Pero juntos, deletrean un mensaje divino que solo quienes están sintonizados a la frecuencia del cielo pueden descifrar.

Jesús lo dijo así en Apocalipsis 3:22: "El que tiene oído, oiga lo que el Espíritu dice a las iglesias." No todos escucharán. Solo aquellos que han entrenado sus oídos. Que han aprendido a distinguir la señal espiritual del ruido emocional. Que se han disciplinado para reconocer el tono de la voz de su Pastor, incluso cuando está disfrazada en el silencio o el sufrimiento.

Cuanto más camino con Dios, más me doy cuenta de que Sus señales no siempre explican—mandan. Y la obediencia se convierte en la confirmación.

Pienso en aquellos que lucharon en la Segunda Guerra Mundial, agazapados en trincheras, escuchando transmisiones de letras sueltas tecleadas por dedos temblorosos.

No necesitaban explicaciones. Solo necesitaban el siguiente movimiento. Y cuando llegaba—confiaban en él. Actuaban. No porque entendieran todo el plan, sino porque creían en quien lo enviaba.

Eso es la fe. La fe viene por el oír—no por tener el panorama completo. No caminamos por claridad. Caminamos por código. Y a veces, la mayor señal de que el cielo está hablando es que sentimos la tensión de responder antes de entender a qué estamos respondiendo.

Quizá tú has estado allí. Tal vez estés allí ahora. De pie al borde de algo que no planeaste. Cargando un peso que no tiene sentido.

CAPÍTULO 13: EL CÓDIGO MORSE

Escuchando una señal tenue en tu espíritu pero dudando si realmente es Dios. Déjame decir esto con claridad:

Él está hablando.

Puede que no esté gritando. Puede que no esté usando el método que esperabas. Pero está hablando. En la demora. En la disciplina. En las puertas cerradas. En las órdenes inesperadas. En los desvíos dolorosos. En los ascensos incómodos. En los empujones madrugadores que no te dejan en paz.

A veces, todo lo que Él envía es un solo carácter—un "punto" en tu jornada. Un impulso. Una inquietud en tu espíritu. Un momento que aún no tiene sentido. Pero esa señal, si es obedecida, puede llevar todo el peso de Su voluntad.

En mi propia vida, ahora puedo mirar atrás y ver los puntos y rayas esparcidos a lo largo de los años—un código Morse divino que me llevó de la confusión a la claridad, de la falta de rumbo a la asignación. No siempre entendí la señal en el momento. Pero mirando atrás, ahora puedo ver el mensaje.

Dios usó el ejército—una institución de disciplina, obediencia, dificultad y sacrificio—para entrenar mis oídos. Para afinar mi corazón. Para prepararme no solo para la guerra, sino para el testimonio. He orado con soldados que nunca habían pisado una iglesia. He llevado el evangelio a lugares donde el ministerio tradicional nunca llegaría. Y todo comenzó con un susurro que casi ignoré.

Una señal.

Y lo que es más—el enemigo aún no lo entiende. Ve los mismos movimientos. Escucha las mismas palabras. Pero no conoce al Emisor. No puede descifrar la obediencia de un corazón rendido. Y por eso, cada momento en que eliges responder a la señal de Dios—aunque sea pequeña—se convierte en una declaración de guerra contra la estrategia del infierno.

Así que escucha.

Entrena tu oído para captar la frecuencia del cielo. Haz silencio suficiente para detectar el golpeteo de la eternidad contra tu corazón. Quédate quieto lo suficiente para oír el susurro detrás del ruido. Deja de esperar que el mensaje llegue como tú esperas—y empieza a buscarlo en cómo ya está llegando.

Una llanta ponchada puede ser un retraso que te salva.

Una resignación repentina puede ser el lugar de un milagro para otra persona.

Una puerta cerrada puede ser una protección divina que no entenderás hasta dentro de años.

Una larga temporada de silencio puede ser el cielo tecleando un mensaje que solo ahora estás listo para oír.

Para los no entrenados, es ruido. Para los que escuchan, es la voz de Dios. Así que la próxima vez que te preguntes dónde está Él, la próxima vez que cuestiones si este desvío es castigo o propósito, recuerda esto: el código Morse salvó vidas, no porque fuera complejo, sino porque alguien estaba entrenado para interpretarlo. No necesitas saberlo todo. Solo necesitas oír con claridad.

Porque lo que suena como caos para el infierno... puede ser un himno de guerra para el cielo.

CAPÍTULO 14

Estrategias de Combate

LO PRIMERO QUE TE GRABAN en la mente en el Colegio de Guerra Naval de los Estados Unidos es esto: ninguna guerra se gana solo con fuerza. La victoria no pertenece al ejército más fuerte, sino al comandante más sabio — aquel que ve el campo de batalla antes de que se dispare un solo tiro, que calcula no solo la potencia de fuego, sino el momento, el terreno, el engaño y la moral.

La estrategia gana guerras.

Y la estrategia salva vidas.

Toda Batalla Comienza Con Un Plan

Todavía recuerdo estar sentado en aquel salón, las paredes cubiertas con décadas de doctrina de combate, los instructores analizando batallas ya concluidas pero jamás olvidadas. Estudiamos a Clausewitz, a Sun Tzu, la doctrina naval, las operaciones multidominio y la anatomía de campañas fallidas y exitosas. Un principio surgía una y otra vez, como un faro en aguas tormentosas: quien tiene el plan más claro —y se aferra a él— gana.

Uno de nuestros estudios de caso fue la Batalla de Midway —el punto de inflexión en el Pacífico durante la Segunda Guerra Mundial. Sobre el papel, Japón debió haber ganado. Tenían más barcos, más experiencia, y habían sembrado el terror en todo el Pacífico. Pero EE. UU. tenía lo que ellos no: una estrategia basada en inteligencia, tiempo y distracción. Los criptógrafos navales habían interceptado y descifrado señales japonesas. Sabían que Japón tenía como objetivo Midway. La Marina de EE. UU. preparó una trampa.

¿El resultado? Japón perdió cuatro portaaviones en un solo día. Fue el principio del fin de su dominio naval. No porque tuviéramos más poder —sino porque teníamos mayor visión y la disciplina para confiar en el plan.

Ese concepto me perseguía mientras yacía en mi litera una noche, hojeando Daniel 2 y Apocalipsis 12. Los paralelismos me atraparon.

Ahí estaba Dios —no reaccionando al pecado, sino superándolo con astucia. No improvisando la salvación, sino orquestándola con una visión profética precisa. La guerra contra el pecado no se ganó en el Calvario por accidente. No fue Jesús haciendo lo mejor posible en una mala situación. Fue una estrategia a largo plazo ejecutada con un tiempo perfecto, nacida en la eternidad y profetizada a lo largo de las Escrituras.

Y de repente, todo lo que habíamos estudiado sobre la guerra encajó con el evangelio.

Dios no es solo un Redentor —es un Estratega.

En la escatología cristiana, el plan de redención no es un conjunto desordenado de enseñanzas morales. Es una estrategia de combate —una operación cósmica para vindicar el carácter de Dios, liberar la creación y eliminar el mal sin violar el libre albedrío.

Eso es mucho más complejo de lo que parece. Cualquiera puede eliminar el mal con fuerza. Pero lo que Dios está haciendo... Él está ganando la guerra al demostrar, con paciencia y justicia divinas, que Su gobierno se basa en el amor —y que el amor es el único poder sostenible en el universo.

Todo comenzó con una rebelión. Lucifer, el ángel más alto del cielo, inició un golpe de estado en el centro de mando de Dios —no con tanques ni terror, sino con acusaciones. Sembró dudas, susurró calumnias y usó el libre albedrío como arma. Según Apocalipsis 12:7–9, hubo guerra en el cielo —un conflicto real. Pero esto no fue solo una expulsión física; fue el inicio de un caso legal celestial, una guerra de ideologías.

Y Dios, en ese momento, pudo haber aplastado a Lucifer al instante. Pero no lo hizo. ¿Por qué?

Porque la estrategia de combate no era suprimir la rebelión —era exponerla.

Si Dios hubiera destruido a Satanás en ese mismo instante, el temor habría reemplazado al amor en el corazón de Su creación. La obediencia se convertiría en cumplimiento forzado. La adoración en autopreservación. La integridad de Dios debía ser demostrada, no impuesta.

Así que permitió que la rebelión siguiera su curso —dentro de parámetros controlados, como un campo de batalla diseñado por un General omnisciente.

Entonces vino la Tierra —el escenario del gran conflicto. Y Adán y Eva, como jóvenes soldados engañados por desinformación, cayeron en manos del enemigo. El plan de redención entró en acción.

No fue creado en ese momento —fue revelado.

Pienso en campañas militares donde una estrategia tuvo que evolucionar —no porque el plan cambiara, sino porque el enemigo hizo un movimiento que reveló más de su táctica. Así se mueve Dios a través de la profecía. La visión de Daniel sobre reinos que se levantan y caen como metales en una estatua (Daniel 2) no es solo historia anticipada —es prueba de que Dios anticipa cada imperio antes de que exista. Babilonia. Persia. Grecia. Roma. Naciones divididas. Cada una predicha con una precisión asombrosa. ¿Por qué?

Porque Dios no está adivinando. Está orquestando.

Y luego Apocalipsis nos da el campo de batalla: dragones y bestias, plagas y juicios, un remanente sellado, una cosecha cósmica. Puede sonar simbólico, pero es profundamente táctico. Cada pieza encaja —y cada movimiento del enemigo es anticipado y contrarrestado de antemano.

¿Satanás despliega engaño? Dios levanta portadores de la verdad. ¿El enemigo corrompe la adoración? Dios comisiona a tres ángeles con un mensaje global (Apoc. 14). ¿Un sistema falso de religión gana terreno? Dios prepara un remanente que "guarda los mandamientos de Dios y tiene la fe de Jesús." La estrategia de Dios siempre está un paso adelante.

Pero aquí está la realidad sobria —una buena estrategia solo puede salvar al soldado que la sigue. En la guerra, las mayores bajas no ocurren por órdenes erróneas —sino por órdenes ignoradas. He visto a marines con el mejor equipo caer en simulacros porque no siguieron su entrenamiento. Se dejaron llevar por el pánico. Improvisaron. Se desviaron del plan.

De igual manera, en la vida cristiana, no siempre es el pecado lo que destruye a las personas. A veces, es la desviación. Conocen la verdad. Han recibido las instrucciones. Pero abandonan la formación, persiguen los placeres del mundo o se niegan a confiar en las órdenes del Comandante:

- El cristianismo nos da una estrategia. Una clara. No para ganar la salvación, sino para permanecer alineados con el plan divino de batalla. El sábado nos recuerda al Creador en un mundo que adora la productividad.

- La doctrina del santuario nos muestra que Jesús no está inactivo — está intercediendo.

- El mensaje de salud mantiene el cuerpo en forma para el discernimiento espiritual.

- La segunda venida mantiene al guerrero alerta.

- El juicio investigador mantiene al alma humilde.

- Esto no es legalismo. Es alineamiento con las órdenes del Comandante.

En términos militares, lo llamaríamos reglas de enfrentamiento —no para restringir, sino para asegurar que la misión se cumpla y el soldado sobreviva.

Y aquí es donde se vuelve personal.

Tu vida es un campo de batalla. No metafóricamente. Literalmente.

Hay fuerzas —tanto externas como internas— luchando por tu mente, tu lealtad, tu adoración. Satanás ha estudiado el terreno de tus debilidades. Ha colocado trampas, cronometrado distracciones y disfrazado engaños. Y si no tienes una estrategia, no sobrevivirás.

Necesitas un plan de batalla. Comunión diaria. Un régimen de estudio. Responsabilidad. Descanso. Propósito. Compañerismo. Ingesta de Escritura. Adoración. Ayuno. Servicio. Claridad mental. Obediencia. Quietud.

No son opcionales. Son tácticos.

Porque si el enemigo no puede derrotarte con fuerza bruta, se conformará con desorientarte. Y los soldados desorientados se vuelven ineficaces, aislados y, eventualmente... bajas.

Pero aquí está la buena noticia: Dios no te ha dejado desinformado.

La Biblia no es solo una guía devocional. Es un manual estratégico de combate. Te da patrones del enemigo, respuestas divinas, principios operativos y el plan de victoria final.

Jesús no solo te llama a la fe —te equipa para la guerra.

Y Él ya ha ganado.

En la cruz, Cristo absorbió toda la fuerza del arsenal de Satanás. Mentiras. Acusaciones. Vergüenza. Miedo. Tomó cada bala, cada explosivo, cada virus espiritual que el enemigo pudiera lanzar. Y al morir —los desarmó.

Colosenses 2:15 declara: "Y despojando a los principados y a las potestades, los exhibió públicamente, triunfando sobre ellos en la cruz."

¿En términos militares? Jesús ejecutó la maniobra envolvente definitiva. El enemigo pensó que la cruz era una derrota —fue una trampa. Y cuando Jesús resucitó, no solo ganó —reescribió todo el teatro de operaciones.

Ahora, la guerra no se trata de si Cristo vencerá. La guerra se trata de si tú estarás bajo Su bandera o serás hallado en territorio enemigo cuando suene la trompeta final.

Doctrina Divina Y La Voz Del Comandante

En el ejército, la doctrina no es una sugerencia —es la estrategia hecha visible, la mente del comandante puesta en aplicación práctica. No se trata simplemente de procedimientos o políticas; es la columna vertebral de cómo se luchan y se ganan las batallas. Estudiamos la doctrina incansablemente en el Colegio de Guerra Naval de los EE. UU., no solo para entender cómo librar una guerra, sino para comprender por qué se tomaban ciertas decisiones en medio del caos. La doctrina te mantiene alineado cuando el campo de batalla se oscurece. La doctrina te estabiliza cuando la adrenalina te grita que improvises. En combate, las emociones pueden engañar. El pánico mata. Pero la doctrina —si la conoces, la crees y confías en ella— puede salvar tu vida.

Lo mismo sucede en la vida cristiana. La doctrina no es una carga religiosa. Es la mente de Dios revelada al creyente, ofrecida no para complicar la fe, sino para protegerla. Muchos cristianos tratan la doctrina como teoría seca o conocimiento opcional para teólogos. Leen la Biblia de forma selectiva—pasando por alto los versículos que exigen lealtad y enfocándose solo en los que ofrecen consuelo. Pero los soldados no tratan las palabras del Comandante como opcionales. No reinterpretan las órdenes de campaña según preferencias o la opinión popular. Las siguen con precisión—porque saben que vidas dependen de ello. La doctrina es estrategia divina para la supervivencia espiritual. En una guerra donde el engaño es la primera arma del enemigo, la verdad debe ser nuestra primera defensa.

A menudo me han preguntado por qué abrazo con tanta convicción la teología adventista. Mi respuesta siempre es la misma: porque es una estrategia completa y coordinada para la guerra final. No es una colección aleatoria de creencias o tradiciones culturales—es una cosmovisión integral que responde a las preguntas fundamentales del conflicto cósmico, el destino humano y el carácter divino. Cada doctrina es una pieza táctica de una campaña más amplia. Quita una, y la estructura se debilita. Ignora una, y el enemigo encuentra una entrada.

Tomemos la doctrina del santuario, por ejemplo. Para muchos cristianos, la idea de un santuario celestial parece oscura, irrelevante o ceremonial. Pero para aquellos que han sentido el peso de la culpa, que han luchado contra la vergüenza y han perdido camaradas por un colapso moral, el santuario lo es todo. Nos dice que Cristo no es un Salvador retirado. Está activamente involucrado en una fase de la redención que la mayoría del mundo ha olvidado: Su ministerio intercesor. No está inactivo. Está de pie en nuestro lugar, llevando nuestro historial, presentando Su justicia donde la nuestra ha fallado. Hebreos 4:15–16 nos recuerda que no tenemos un Sumo Sacerdote que esté desconectado de nuestro dolor, sino uno que simpatiza, que nos invita con confianza al trono de la gracia. Eso no es teoría. Es rescate.

En mis propios momentos de oscuridad—ya sea en despliegue, en consejería como capellán, o en fracasos personales—no fue la rutina religiosa lo que me mantuvo firme. Fue el conocimiento de que Cristo no se había rendido conmigo. Que estaba intercediendo cuando yo estaba demasiado cansado para orar. Que estaba presentando evidencia de Su misericordia cuando el diablo tenía mucha evidencia para condenarme. Eso es doctrina—pero también es estrategia divina. Silencia al acusador. Fortalece al soldado cansado. Reenfoca la guerra del temor a la confianza.

Y luego está el sábado. Para la mente no entrenada, es solo un día de descanso. Para el crítico superficial, es legalismo. Pero para el guerrero entrenado, es un acto contracultural de guerra espiritual. En un mundo adicto a la velocidad, al consumo y al rendimiento, detenerse y descansar en Dios es más que obediencia—es desafío. Cada sábado, declaramos que nuestra identidad no está en nuestra productividad sino en nuestra creación. Que nuestro valor no está en lo que hacemos, sino en a quién pertenecemos. En mis años con uniforme, los momentos sabáticos se convirtieron en oxígeno sagrado. Ya fuera solo en el barco, parado en silencio en la cubierta mirando el horizonte infinito del océano, o arrodillado tranquilamente junto a mi cama, recordaba que el Dios que hizo el tiempo también hizo el descanso. Y en ese descanso, volví a escuchar Su voz.

Pero el sábado es más que restauración—es una señal. En Apocalipsis, se convierte en una línea en la arena. El último gran conflicto no es solo sobre moralidad—es sobre adoración. ¿A qué autoridad reconocemos? ¿Qué señal llevamos? El sábado, como sello del Creador, distinguirá a los que siguen la ley de Dios de los que siguen las tradiciones humanas. No se trata simplemente del séptimo día. Se trata de la estrategia de lealtad. Y en la guerra final, la lealtad determinará el destino.

¿Y qué hay de la profecía? ¿Qué hay de los Tres Mensajes Angélicos en Apocalipsis 14, el emblema de la proclamación final adventista? No son advertencias esotéricas. Son informes de inteligencia espiritual. El primer ángel llama a la humanidad a temer a Dios y darle gloria—a adorar al Creador mientras llega la hora de Su juicio. El segundo ángel identifica a Babilonia—el sistema global de confusión, compromiso y falsa religión que embriaga al mundo. El tercer ángel advierte contra recibir la marca de la bestia, la señal de lealtad a un poder falsificado. Estos mensajes son el llamado final de Dios antes de que la batalla se manifieste por completo, antes de que se tracen las líneas y se sellen las lealtades.

Demasiados creyentes ignoran la profecía porque los incomoda. Pero los verdaderos soldados no rechazan la inteligencia porque sea incómoda—la analizan con más atención. La profecía es el GPS de Dios en la niebla de la guerra. Nos dice dónde estamos en el campo de batalla y hacia dónde nos dirigimos. Sin ella, luchamos a ciegas. Apocalipsis no es un acertijo—es una sesión informativa. Un pronóstico táctico. Una revelación divina que descorre el velo de los planes del enemigo y la victoria final de Dios.

He tenido momentos en mi ministerio—especialmente en despliegues—donde la intensidad de la presión moral, emocional y espiritual se sentía insoportable. Me he sentado con marines luchando contra el suicidio. He aconsejado a marineros que han perdido todo sentido de propósito. He estado de pie en pasillos orando por hombres y mujeres cuyas almas se ahogaban en la oscuridad. Y en esos momentos, comprendí: si yo no conocía el plan, no podía ayudarlos a confiar en él. Mi confianza en la estrategia de Dios era lo que les daba esperanza. No un optimismo vago.

Claridad profética. El conocimiento de que esta guerra tiene un fin. Que cada injusticia será corregida. Que el juicio no es solo rendición de cuentas —es vindicación.

La Doctrina es lo Que Te Hace Inquebrantable en un Mundo que se Tambalea.

El apóstol Pablo advirtió a Timoteo que en los últimos días, la gente abandonaría la sana doctrina, prefiriendo mitos y afirmaciones emocionales (2 Timoteo 4:3–4). ¿Por qué? Porque la doctrina exige disciplina. Exige sumisión. Te recuerda que el Comandante ya ha hablado —y que tu trabajo no es reinventar la estrategia, sino confiar y seguirla. Al final, eso es lo que separa a los sobrevivientes de las bajas. No la pasión. No la sinceridad. Sino la alineación.

Y la alineación lo es todo en combate.

Por eso estudio. Por eso enseño. Por eso predico lo que predico. Porque no solo intento que la gente se sienta mejor. Estoy intentando que sobrevivan. Que resistan. Que triunfen. Y la doctrina—la doctrina de Dios—es la única estrategia que garantiza tanto la victoria como la redención.

Las Armas Del Mundo

Todo soldado entiende que ninguna estrategia, por sólida que sea, puede ejecutarse sin el equipo adecuado. La doctrina por sí sola no es suficiente.

Debes estar armado, no solo instruido. Puedes estudiar mapas de batalla y tácticas de memorización todo el día, pero sin tu fusil, tu chaleco antibalas, tu casco y tu entrenamiento activándose cuando empiezan a volar las balas—estás vulnerable. La estrategia debe ir acompañada de fortaleza. La planificación debe ir respaldada por preparación. En la vida cristiana, el campo de batalla es espiritual, pero las armas son igual de reales—e igual de esenciales.

Pablo entendía esto cuando escribió a los creyentes en Éfeso. No hablaba desde la teoría ni desde un púlpito teológico distante. Escribía como un hombre que había sido encarcelado, golpeado, perseguido y odiado. Un hombre que había soportado sufrimiento físico real por causa del evangelio. Y en Efesios 6, nos da la descripción más detallada del equipo de combate del creyente: la armadura de Dios. No como una metáfora solamente, sino como una necesidad.

"Pónganse toda la armadura de Dios," escribe Pablo, "para que puedan estar firmes contra las artimañas del diablo." La palabra "artimañas" en griego es methodia—métodos, estrategias, trampas. El enemigo no actúa al azar. Tiene un manual. Estudia tus patrones. Analiza tu temperamento, tus hábitos, tus heridas. Por eso el cristianismo casual es tan peligroso. Puedes creer en Jesús, pero si no estás armado—si tu espíritu está expuesto—eres un blanco. Y como cualquier francotirador, Satanás no desperdicia balas.

Entonces, ¿cuáles son las armas que llevamos?

Primero, el cinturón de la verdad. En la guerra, los cinturones no eran solo decorativos—sostenían todo. En el arsenal cristiano, la verdad es el estabilizador. Es lo que evita que te desmorones cuando la cultura cambia y las mentiras se vuelven populares. Cuando tu identidad está bajo ataque y el mundo grita mensajes contradictorios, es la verdad la que te asegura. No la opinión. No la comodidad. Sino la verdad. Y la verdad se encuentra en la Palabra—no en los sentimientos. He tenido días en los que no sentía que pertenecía a Dios. Días en los que la duda susurraba más fuerte que la certeza. Pero fue la Escritura la que me volvió a atar. No mis emociones. La verdad no depende de cómo me siento. Depende de quién es Dios.

Luego está la coraza de justicia—cubriendo el corazón, el núcleo del ser. Esto no es justicia propia ni orgullo religioso. Es la justicia de Cristo, dada como regalo, protegiéndonos de la condenación. Guarda el corazón del desánimo, de la vergüenza, de las acusaciones ardientes del enemigo. Y créeme, las acusaciones son constantes. "No eres digno." "Has fallado demasiadas veces." "Dios ya terminó contigo." Esos no son simples pensamientos—son dardos. Y si no tienes la justicia cubriendo tu pecho, te atravesarán. Pero cuando sabes que tu valor no se gana, sino que te es imputado por Cristo, entras en la batalla sin miedo.

Los zapatos del evangelio de la paz vienen después. En la guerra, la movilidad lo es todo. Un soldado sin estabilidad es una carga. Y el evangelio te da esa estabilidad. Te arraiga en la paz—no una paz como ausencia de conflicto, sino una paz que permanece firme en medio del caos. La paz de saber que tu eternidad está asegurada. Que tu alma está anclada. Que no importa lo que pase en el mundo, no estás en guerra con Dios. Has sido reconciliado. Esa paz te hace ágil en combate. No estás distraído por dudas existenciales. Estás enfocado. Estás firme. Estás listo para moverte.

Luego, Pablo dice: "tomen el escudo de la fe, con el cual pueden apagar todos los dardos encendidos del maligno." La fe es el arma más incomprendida del arsenal cristiano. No es optimismo ciego. No es esperanza ingenua. Es confianza forjada en batalla. La fe dice: "Sé quién es Dios, incluso cuando no veo lo que está haciendo." Bloquea el desánimo. Rechaza el cinismo. Te mantiene avanzando cuando todas las circunstancias te dicen que retrocedas. Y no elimina las flechas—las apaga. Eso significa que seguirán viniendo. Los pensamientos. Los temores. Las tentaciones. Pero con fe, pierden su fuego.

El casco de la salvación protege la mente. Y si hay un campo de batalla que Satanás ama más que cualquier otro, es tu mente. Las mentiras son implacables: "Dios no te ama." "Nunca vas a cambiar." "Esta batalla es demasiado grande." "¿Para qué intentarlo?" Pero el casco te recuerda quién eres. Salvo. Escogido. Redimido. Comprado por un precio. Cuando usas la salvación como un casco, tus pensamientos empiezan a alinearse con tu identidad. Y la claridad regresa.

Y finalmente, el único arma ofensiva mencionada: la espada del Espíritu, que es la Palabra de Dios. Esto no es lenguaje poético. Es precisión militar. La Palabra no es solo para estudio. Es para combate. Jesús mismo la usó cuando Satanás lo atacó en el desierto. No filosofó. No debatió. Citó las Escrituras. Con cada tentación, dijo: "Escrito está." Eso no es superstición, es estrategia. Y si el Hijo de Dios necesitó la Palabra para ganar una batalla, tú también la necesitas.

Por eso insisto en el compromiso diario con la Biblia, no como una tarea, sino como mantenimiento de armas. No llevas tu rifle al campo sin revisar la recámara. No sales de patrulla con el cañón sucio. Entonces, ¿por qué entrarías al día sin afilar tu espada? La Escritura no es solo para grupos de estudio. Es para sobrevivir.

La oración también es combate. No es un ritual pasivo, es comunicación con el Comando. Es cómo recibimos nuevas órdenes. Es cómo pedimos refuerzos. Es cómo confesamos nuestra posición, reconocemos nuestra debilidad y nos realineamos. En la guerra, las comunicaciones son sagradas. Y en la guerra cristiana, la oración es tu frecuencia con el cielo. El enemigo lo sabe. Por eso la distracción es una de sus herramientas más poderosas. Si puede interrumpir tu vida de oración, puede aislarte. Y los soldados aislados no duran mucho en combate.

El Espíritu Santo es el Operador silencioso en todo esto. Él guía, convence, empodera y enseña. Susurra advertencias. Proporciona sabiduría. Da dones espirituales para fortalecer el cuerpo. Intercede con gemidos indecibles. El Espíritu no es un complemento. Es la presencia activa de Dios en el teatro de combate de tu vida.

He visto a demasiados caer, no porque no creyeran, sino porque no estaban armados. Conocían la misión, pero no el método. Tenían convicciones, pero no armas. Sus corazones eran sinceros, pero sus manos estaban vacías. Y cuando llegó el día malo —como Pablo dijo que llegaría— no pudieron resistir.

Esto no es un simulacro. Estamos en guerra. No contra carne y sangre, sino contra principados, potestades, ideologías y tinieblas. Y la única manera de permanecer firmes es equiparse diariamente. Conocer tus armas. Confiar en el Comandante. Luchar con precisión, no con pánico.

Hay una frase que se repite a menudo en el campo: "No te elevas a la ocasión, caes al nivel de tu entrenamiento." Y en el ámbito espiritual, esa verdad es aún más urgente. Cuando llega la crisis, no responderás con inspiración. Responderás con disciplina. Con la Palabra que has almacenado. Con las oraciones que has elevado. Con la verdad en la que te has entrenado.

Así que entrénate bien. Lucha con inteligencia. Mantente armado.

Porque la guerra es real.

Y naciste para ganarla.

La Victoria Que Reescribe La Guerra

La victoria es algo extraño en la guerra. No siempre es el momento más ruidoso. A veces es un susurro—una decisión tomada en un centro de mando, una señal recibida, una bandera izada en silencio sobre los escombros humeantes. A menudo viene con duelo mezclado con alivio, porque la victoria en la guerra siempre está manchada de sangre. Y sin embargo, en todo conflicto, llega un punto en que el resultado cambia. Cuando la marea se invierte. Cuando un bando toma el control y todo cambia después de eso.

En la guerra espiritual, ese momento ocurrió hace dos mil años en una colina llamada Gólgota.

No se parecía en nada a una victoria. Un hombre desnudo, golpeado y burlado, clavado a una viga de madera entre dos criminales. Sin banda militar. Sin desfile. Solo sangre, gritos y burlas. Si alguno de nosotros hubiera estado allí como observador, habría asumido que el enemigo había ganado. Que el mal había triunfado. Que Dios había fallado.

Pero el cielo vio otra cosa. Porque la cruz no fue un error en la estrategia—fue la maniobra culminante. El lugar donde se ejecutó el flanqueo definitivo. Donde Satanás arrojó todas sus armas sobre Jesús—traición, injusticia, tortura, abandono—y aun así no pudo detenerlo. De hecho, caminó directo hacia una emboscada divina.

Colosenses 2:15 declara: "Y despojando a los principados y a las potestades, los exhibió públicamente, triunfando sobre ellos en la cruz."

Triunfo—no en la resurrección, sino en la cruz. Ese fue el momento en que la guerra cambió. La credibilidad de Satanás colapsó. Sus acusaciones quedaron sin fundamento. La maldición fue rota. Y aunque las batallas continuarían, el resultado ya estaba sellado.

Desde una perspectiva militar, fue la operación de contrainteligencia perfecta. Dios permitió que el enemigo agotara todos sus recursos, convencido de que estaba ganando, solo para revelar que la cruz nunca fue una derrota—fue una trampa. Y Cristo, al morir, detonó el plan. La tumba fue destrozada desde dentro. Y cuando Jesús salió del sepulcro, no solo resucitó—redefinió la guerra misma.

Ese es el Dios al que servimos. Un Comandante que sangra. Un Rey que rescata a sus soldados no emitiendo órdenes desde un trono, sino entrando en la línea del frente y absorbiendo el fuego Él mismo. Y ahora, todo lo que hacemos—desde predicar hasta criar hijos o resistir la tentación—no es para ganar la victoria, sino para mantenernos dentro de una ya ganada.

Pero si la muerte de Cristo fue el punto de inflexión, entonces Su segunda venida es el asalto final—el golpe decisivo que terminará el conflicto para siempre.

La escatología cristiana lo deja claro. No creemos que el mundo evolucionará gradualmente hacia una utopía. No creemos que la humanidad se arreglará sola. Creemos en un Rey que regresa. Uno que interrumpirá la historia. Uno que aparecerá no como carpintero o siervo, sino como guerrero sobre un caballo blanco, con ojos como llama de fuego, espada que sale de Su boca, y coronado con muchas coronas (Apocalipsis 19).

Esto no es mito. Es el movimiento final de una estrategia planeada antes de la fundación del mundo. La segunda venida no es solo esperanza—es culminación. Es la demostración visible de la autoridad legítima de Cristo, el rescate de Sus fieles, y la destrucción de todo sistema que se opuso a la verdad.

Cuando estudié en el Colegio de Guerra Naval, una de las lecciones más sobrias fue la doctrina de la guerra total—un estado en el que todos los recursos de una nación se comprometen en el conflicto, y la separación entre el campo de batalla y el espacio civil desaparece. En muchos sentidos, ese es el mundo en el que estamos ahora. El pecado ha convertido todo en un campo de batalla—tus relaciones, tu mente, tus decisiones, incluso tu descanso.

Ya no existe la neutralidad. O estás alineado con el Reino o estás siendo absorbido lentamente por el sistema de Babilonia. O estás marchando hacia Sion o descansando en Sodoma. Y la única forma de saber dónde estás es por tu lealtad, tus armas y tus órdenes.

Por eso importa la profecía. No por miedo, sino por formación.

Daniel 7 nos muestra tronos colocados, una escena de juicio, y al Hijo del Hombre recibiendo el reino. Apocalipsis revela bestias, falsos profetas, plagas y un remanente sellado. Estos no son cuentos para dormir—son informes operacionales. Dios no está tratando de asustarnos hacia la obediencia—está entrenándonos para discernir, resistir y confiar.

Algunos se burlan de la doctrina del juicio investigador—"¿Por qué necesitaría Dios un juicio si ya lo sabe todo?", preguntan. Pero están perdiendo el punto. El juicio no es para la información de Dios. Es para la vindicación del universo. Es la pieza final de Su estrategia: demostrar que cada alma salvada no solo fue perdonada—sino transformada. Que la gracia no solo absolvió—sino que recreó. Que la acusación de Satanás—de que la ley de Dios es injusta y Su gracia es inmerecida—no tiene fundamento.

Cada detalle encaja en el plan.

Y ese plan termina con justicia. No con venganza. No con genocidio. Sino con justicia. Justicia santa, justa, irreversible. Y para aquellos que confían en el Cordero y caminan en Sus caminos, la justicia de Dios no es una amenaza—es un rescate.

Por eso lucho.

No porque tema perder, sino porque quiero ser hallado firme cuando el cielo se rasgue. Quiero estar entre aquellos que dicen: "¡Este es nuestro Dios; le hemos esperado!" (Isaías 25:9). Quiero que mi vida sea una declaración de lealtad—no solo en palabras, sino en formación, en sacrificio, en confianza. Y quiero que otros encuentren su lugar en este ejército—no por fuerza, sino por amor. No por vergüenza, sino por revelación.

El plan de redención es la mayor estrategia de combate jamás escrita. Una campaña de proporciones cósmicas. Una guerra entre la verdad y el engaño. Una batalla entre el amor y el orgullo. Y nosotros, ahora mismo, estamos en las fases finales.

A menudo me pregunto cómo habría sido estar en Midway. Estar en la cubierta cuando la marea cambió. Darse cuenta de que el enemigo estaba retrocediendo. Escuchar el crujir de la radio mientras las órdenes cambiaban de defensa a persecución.

Pero no tengo que imaginarlo. Porque lo estoy viviendo.

Estamos en el tramo final de una guerra ya ganada, pero aún no concluida.

Y tenemos un papel que cumplir. Un mensaje que portar. Un pueblo que llegar a ser.

Así que sigue adelante, soldado. Ponte la armadura. Mantente alerta. Conoce el plan. Sigue al Comandante. Y nunca olvides que no estás peleando por la victoria. Estás peleando desde la victoria.

CAPÍTULO 15

El Enemigo Ataca Sin Misericordia

HAY LUGARES EN ESTA TIERRA donde el hedor de la muerte perdura más que el humo de la guerra. Donde los gritos de madres y los gemidos de los moribundos permanecen en el suelo mucho después de que cesa el fuego. Lugares donde los nombres de ciudades se han vuelto sinónimos de sufrimiento: Auschwitz. Kigali. Faluya. Srebrenica. My Lai. Bucha. Y detrás de cada uno de esos nombres hay rostros—hombres, mujeres y niños—cuyas vidas fueron mutiladas por fuerzas tan malvadas, tan deliberadas, tan inhumanas, que la única palabra adecuada es despiadadas.

Donde Habita la Oscuridad

El mal no actúa por impulso. Planea. Espera. Estudia tu debilidad y luego desata la destrucción con precisión quirúrgica. Esa es la naturaleza de nuestro enemigo físico en la guerra—y es exactamente la naturaleza de nuestro enemigo espiritual en el gran conflicto. El diablo no solo tienta al mundo al pecado. Él incita al genocidio. Susurra órdenes en los corazones de los tiranos. Distorsiona ideologías hasta convertirlas en odio. Endurece corazones hasta que el asesinato de miles no solo se vuelve aceptable, sino racionalizado. Esto no es hipérbole. Es historia.

En 1994, casi un millón de tutsis fueron masacrados en Ruanda en solo 100 días. Algunos fueron despedazados con machetes. Otros quemados vivos. Las iglesias se convirtieron en fosas comunes. Amigos mataron a vecinos. Maestros traicionaron a estudiantes. No fue espontáneo. Fue orquestado. Y fue ignorado por la mayoría del mundo hasta que fue demasiado tarde.

En la Segunda Guerra Mundial, seis millones de judíos fueron asesinados en el Holocausto. No por turbas descontroladas, sino por científicos, ingenieros, médicos y burócratas—hombres educados que convirtieron el exterminio humano en política. Que pesaban a los niños para determinar su "utilidad" y construían cámaras de gas con una eficiencia calculada. No fue caos. Fue el resultado escalofriante de lo que ocurre cuando el mal no es confrontado.

No puedes leer estos relatos y seguir creyendo en la bondad inherente del ser humano. No puedes estudiar los genocidios de Armenia, Camboya, Darfur, o los horrores de ISIS y Boko Haram, y seguir diciendo que el mal es un mito o que los militares son innecesarios. La guerra no siempre es el resultado de la agresión. A veces, es la única respuesta al mal.

Por eso elegí usar el uniforme.

No para conquistar. No para dominar. Sino para estar entre el depredador y la presa. Porque cuando vi lo que el mal había hecho en el mundo, comprendí algo profundo: no basta con estar triste por la injusticia—hay que estar dispuesto a enfrentarse a ella. Y en algunos momentos, enfrentarse requiere más que pancartas y reuniones de oración. Requiere armadura. Requiere acción. Requiere Marines.

Hay una razón por la que Pablo describe nuestra vida espiritual en términos de guerra. Porque el mal no es pasivo. No espera permiso para actuar. No sigue reglas. No respeta tratados. Satanás no se toma

CAPÍTULO 15: EL ENEMIGO ATACA SIN MISERICORDIA

vacaciones. No perdona a los inocentes. No ofrece misericordia. Él invade, corrompe y busca devorar. Como dice 1 Pedro 5:8: "Sed sobrios y velad; vuestro adversario el diablo, como león rugiente, anda alrededor buscando a quien devorar." Esto no es lenguaje figurado. Es un informe de inteligencia. Y cuanto antes despertemos a la realidad de ese enemigo, antes dejaremos de ser víctimas y comenzaremos a ser guerreros.

He servido en zonas de conflicto. He caminado por aldeas donde el aire aún estaba denso por el fuego de mortero. He mirado a los ojos de niños cuyos padres fueron ejecutados la noche anterior. He estado de pie sobre los cuerpos de soldados que no lo lograron. El mal no es una filosofía para mí. Es un olor. Es un sonido. Es la ausencia de luz en lugares donde debería habitar la esperanza.

Pero aquí está la verdad más profunda: la oscuridad en este mundo es un reflejo de una guerra mayor que se libra sin ser vista. Detrás de cada masacre hay un espíritu. Detrás de cada atrocidad, una agenda. Detrás de cada tirano, un susurro. Y detrás de todo hay un solo objetivo: burlarse de la imagen de Dios en el hombre. Destruir lo que Él creó. Deshacer lo que Cristo redimió.

Satanás no solo quiere tu pecado—quiere tu rendición. Quiere que creas que el mal es inevitable. Que la bondad es impotente. Que la guerra siempre es injustificada. Porque si logra convencerte de eso, entonces puede evitar que te pongas de pie cuando más importa.

Por eso el mal prospera—no porque los malvados sean fuertes, sino porque los justos están en silencio.

Pero el silencio no es una opción para el creyente. No en la oración. No en la guerra. No en la defensa de los inocentes. No servimos a un Dios pasivo. Servimos al Dios que confrontó a Faraón, que envió fuego en el Monte Carmelo, que volcó mesas en el templo, que un día regresará con una espada en Su boca y justicia en Sus manos. El mal teme ese día. Y debería temerlo.

El ejército no existe como una herramienta de poder, sino como una barrera contra el caos. Cuando está en manos de los justos, se convierte en un freno a la oscuridad—un recordatorio visible de que el mal no quedará sin respuesta. Y cuando ese ejército está lleno de hombres y mujeres que conocen a Dios, que sirven bajo el mando del Comandante Supremo, se convierte en algo más que una fuerza militar—se convierte en una fuerza de justicia divina.

Pero debemos ser honestos: la presencia de buenos soldados no borra el mal. A veces, los Marines llegan después de la masacre. A veces, enterramos más de lo que rescatamos. A veces, la oscuridad parece demasiado densa. Es entonces cuando la batalla espiritual se intensifica. Es entonces cuando la fe se convierte en lo único a lo que podemos aferrarnos.

Y es allí—en las ruinas, en el duelo, en el caos—donde he encontrado a Dios más presente.

No porque haya querido la violencia. Sino porque nunca abandonó a los heridos.

Porque mientras el diablo orquesta atrocidades, Dios reconstruye vidas en el después. Une a los sobrevivientes. Sana mentes destruidas por el trauma. Habla en el silencio que deja el grito del mal. Y levanta guerreros —hombres y mujeres que dicen: "No otra vez. No aquí. No bajo mi vigilancia."

Este es el corazón del Marine cristiano. Alguien que no está ciego a la oscuridad del mundo—pero que se rehúsa a dejarla sin respuesta.

Por Qué Deben Existir Guerreros

Hay momentos en la historia donde la vacilación se convierte en complicidad. Momentos en los que el costo de la inacción se paga con sangre civil y el silencio se convierte en el mayor cómplice del diablo. El mal no necesita que todos participen—solo necesita que los justos se retiren. Y en un mundo donde el genocidio, el terrorismo, la trata de personas y la opresión política aún deforman el alma humana, la existencia de guerreros no solo está justificada—es necesaria. Es bíblica.

El concepto de guerra incomoda a muchos cristianos, y con razón. La guerra nunca es limpia. Desgarra el tejido de la humanidad, desmantela familias, arruina economías y genera traumas generacionales. Pero a veces, lo incómodo sigue siendo necesario. Decir que el mal existe no es lo

CAPÍTULO 15: EL ENEMIGO ATACA SIN MISERICORDIA

mismo que decir que la guerra es buena. Pero negar la necesidad de guerreros es negar la realidad de que algunos males nunca se detendrán a menos que alguien los detenga.

La Escritura no glorifica la violencia, pero es inquebrantablemente honesta sobre su lugar en un mundo caído. En Eclesiastés 3:8, Salomón escribió que hay "tiempo de guerra y tiempo de paz." No todo el tiempo es guerra, pero no todo el tiempo es paz tampoco. El mismo Dios que dijo "bienaventurados los pacificadores" es quien le dijo a Josué que conquistara Jericó, quien llamó a Gedeón a liderar un ejército, y quien empoderó a David—un rey guerrero que derramó sangre en defensa del pueblo de Dios.

Romanos 13:4 va aún más lejos. Pablo, escribiendo bajo la inspiración del Espíritu Santo, dice sobre la autoridad gobernante: "porque es servidor de Dios para tu bien. Pero si haces lo malo, teme; porque no en vano lleva la espada." Esto no es una aprobación de la tiranía. Es un reconocimiento de que la fuerza, cuando está bajo un mando justo, es una herramienta de justicia divina.

Esto no significa que toda guerra sea justa. La historia demuestra lo contrario. Algunas guerras nacen del orgullo, la avaricia, el nacionalismo o la venganza. Esas guerras manchan las manos tanto del agresor como del testigo silencioso. Pero la existencia de guerras injustas no invalida la legitimidad de las justas. El hecho de que algunos hayan abusado del poder no significa que el poder en sí sea malo. Significa que el poder, como el fuego, debe ser manejado por quienes temen sus consecuencias y respetan su propósito.

Por eso la formación de un Marine es más que una preparación física. Es formación moral. Es aprender a contener el poder que se te ha confiado. Es entender cuándo actuar y cuándo contenerse, cuándo disparar y cuándo retroceder, cuándo liderar y cuándo proteger. La línea entre un guerrero y un criminal de guerra no está en el arma que sostiene, sino en la brújula de su alma.

Y aquí es donde la fe se convierte en la brújula suprema.

Un Marine sin un ancla moral puede ser valiente, pero la valentía sin rectitud es solo agresión imprudente. Un Marine cristiano, en cambio, entiende que la justicia no es venganza, y que el poder debe servir a un propósito. No mata por orgullo. No destruye por ganancia. No se deleita en el caos del conflicto. En cambio, entra en la batalla porque alguien debe hacerlo. Y lucha con el peso de la eternidad sobre sus hombros.

He visto Marines interponerse entre una mujer y su abusador, arriesgando su vida no porque estuviera en sus órdenes, sino porque era lo correcto. Los he visto cargar niños heridos a través de zonas de guerra porque la misión no era solo tomar una colina, sino proteger a los inocentes. He estado junto a hombres que lloraban después de los tiroteos, no por miedo, sino por duelo—porque quitar una vida, incluso cuando está justificado, nunca debería sentirse como algo trivial.

Esto es lo que separa a los guerreros de los asesinos. Un guerrero sabe por qué lucha.

Debemos recordar: el mal no se derrota con pasividad. Cuando ISIS arrasó aldeas en Irak y Siria, esclavizando mujeres, ejecutando cristianos e instruyendo a niños para convertirse en suicidas, el mundo observó horrorizado. Se necesitó fuerza—una fuerza justa, estratégica e implacable—para detenerlos. Y sí, el evangelio debe llegar a todas las naciones, incluso a nuestros enemigos. Pero hasta que estén dispuestos a escuchar, alguien debe proteger a las víctimas de su odio.

El pacifismo frente al genocidio no es nobleza—es negligencia. La neutralidad ante los campos de violación y los campos de concentración no es virtud—es cobardía disfrazada de confusión moral. Jesús mismo no permaneció pasivo. Cuando la injusticia llenó el templo, no organizó un círculo de oración—volteó mesas. Cuando Satanás lo tentó en el desierto, no negoció—proclamó la verdad con firmeza. Y cuando regrese, no vendrá como un bebé en un pesebre. Regresará como un Rey guerrero, con justicia en los labios y fuego en los ojos.

Apocalipsis 19 pinta el cuadro: "Entonces vi el cielo abierto; y he aquí un caballo blanco, y el que lo montaba se llamaba Fiel y Verdadero, y con justicia juzga y pelea." Eso no es un adorno poético. Es profecía. Es Jesús, liderando la carga final para destruir el mal para siempre. Si el Hijo de Dios hace guerra con justicia, ¿cómo podemos fingir que la guerra nunca es necesaria?

Negar la necesidad de guerreros es pretender que este mundo ya es el Edén. No lo es.

Vivimos en un mundo donde los traficantes aún ganan dinero vendiendo cuerpos humanos. Donde gobiernos enteros se benefician de la opresión. Donde a los niños se les dan armas en lugar de educación. En un mundo así, los guerreros deben existir—no porque la guerra sea buena, sino porque el mal es real.

Pero no te equivoques: no todo soldado es un guerrero. Y no todo guerrero está sometido a Dios. El mundo está lleno de hombres que aman la guerra por las razones equivocadas. Pero eso solo significa que la necesidad de guerreros justos es aún mayor.

Hombres y mujeres que luchen con claridad, no con odio. Que defiendan a los inocentes, no que alimenten su ego. Que porten armas con manos temblorosas y corazones enraizados.

Quien sepa cuándo luchar, cuándo arrodillarse y cuándo llorar.

Porque no sirven solo a una nación, sino a un Rey.

Satanás, el Tirano Invisible

Hay una razón por la que la Biblia compara tan a menudo a Satanás con gobernantes y tiranos. No aparece como una figura sombría en un bosque encantado. Viene como Faraón, negándose a liberar a los oprimidos. Viene como Nabucodonosor, exigiendo adoración. Viene como Herodes, matando inocentes para proteger su trono. Como César, como Hitler, como tantos reyes, presidentes y generales que abusaron de su poder—Satanás gobierna a través del miedo, el engaño y el control.

Pero no siempre usa balas o bayonetas. A veces, los ataques más devastadores se lanzan en las sombras de la mente.

Como marines, se nos entrena para identificar una amenaza. Para observar el terreno. Para conocer las tácticas, debilidades y fortalezas del enemigo. Así se ganan las guerras: con conciencia, preparación y precisión. Pero muchos cristianos entran en la batalla espiritual cada día sin siquiera saber que están en guerra. No reconocen el fuego de francotirador de la vergüenza. No ven las minas de la concesión. No oyen la propaganda del enemigo susurrando en sus pensamientos: No eres suficiente. Has fallado demasiadas veces. Nunca vas a cambiar.

Satanás no necesita convertirte en asesino para ganar. Solo necesita volverte neutral. Pasivo. Espiritualmente desarmado.

Pero los marines no pueden ser neutrales. Y los creyentes tampoco. No cuando hay almas en juego. No cuando el enemigo está atacando nuestras familias, distorsionando la verdad, redefiniendo la moralidad y envenenando la mente de generaciones enteras. No podemos fingir que vivimos en tiempos de paz cuando hay cadáveres espirituales a nuestro alrededor—matrimonios implosionando, jóvenes abandonando la fe, adicciones echando raíces, y la esperanza desvaneciéndose.

Estamos en guerra.

Y nuestro enemigo no juega limpio.

En el ejército, estudiamos la guerra psicológica de conflictos pasados. El lavado de cerebro a prisioneros en Corea. Las máquinas de propaganda de la Alemania nazi. El control basado en el miedo de los regímenes totalitarios. Satanás ha perfeccionado todas estas técnicas a nivel espiritual. No solo se opone a la verdad—la tuerce. No solo te tienta con el pecado—lo hace parecer justo. No solo ataca a la iglesia—se infiltra, diluye el mensaje y disfraza la apatía con lenguaje religioso.

Jesús describió a Satanás no simplemente como malvado, sino como "mentiroso y padre de mentira" (Juan 8:44). El engaño es su idioma natal. Y a menos que seamos fluentes en la verdad, seremos manipulados sin darnos cuenta.

Por eso el marine cristiano debe ir más allá de la preparación física. Puedes tener un cuerpo tallado, puntería perfecta e instintos de combate afilados por el campo de batalla—y aun así perder si estás espiritualmente desarmado. Esta guerra no es solo sobre IEDs e insurgentes. Es sobre ideología. Identidad. Eternidad. Si no sabes quién eres en Cristo, Satanás te entregará una identidad falsa y te convencerá de que es verdadera.

He aconsejado a marines que parecían invencibles por fuera—pero por dentro estaban ahogándose en vergüenza, culpa, adicción a la pornografía, pensamientos suicidas, amargura o orgullo. Su guerra no estaba solo en el despliegue. Estaba en sus dormitorios. En su silencio. En su trauma no resuelto. Y sin la armadura de Dios, eran vulnerables—aun siendo guerreros.

La carta de Pablo a los Efesios no fue escrita para civiles. Fue escrita para la primera línea de batalla de la fe. Por eso dijo: "Pónganse toda la armadura de Dios, para que puedan estar firmes contra las artimañas del diablo…" (Efesios 6:11).

Nota la palabra artimañas. Satanás no está improvisando. Está orquestando. Está estudiando tus patrones. Está planeando tu emboscada. Ese momento de tentación no es aleatorio. Es un disparo de francotirador planificado con semanas de anticipación. Esa ofensa que no puedes soltar —es una trampa para aislarte. Ese pecado secreto que no confiesas—es un campo minado espiritual listo para detonar.

Por eso la fe sin conciencia es peligrosa. Si no te das cuenta de que estás siendo cazado, no te cubrirás. No revisarás tu perímetro. No estarás alerta. Y eventualmente, te convertirás en daño colateral—otra baja en una guerra que no estabas prestando atención.

Pero aquí está la buena noticia: nuestro Comandante ya ha expuesto las tácticas del enemigo, y no nos ha dejado indefensos.

Tenemos armas que el mundo no puede ver—la oración que mueve ángeles, la verdad que derriba fortalezas, la justicia que cubre la vergüenza, la salvación que asegura el alma, las Escrituras que cortan más profundo que las balas, y el Espíritu que nunca se retira.

Satanás puede ser despiadado, pero no es creativo. Sigue usando las mismas mentiras, las mismas herramientas, las mismas trampas. Y cuando nos entrenamos en la verdad—cuando permanecemos en la Palabra, en comunidad, de rodillas—no solo sobrevivimos. Avanzamos. Nos convertimos en una amenaza.

Esto es lo que más teme el enemigo—no a cristianos ruidosos, sino a cristianos arraigados. No a marines emocionales, sino a marines firmes. No a discursos religiosos, sino a preparación espiritual. Cuando un creyente sabe quién es, de quién es, y por qué ha sido colocado en este campo de batalla, no hay nada más peligroso.

Porque el marine cristiano no lucha solo por sobrevivir. Lucha por las almas. Lucha por los oprimidos. Lucha por la integridad en un mundo corrupto. Y no lo hace solo.

Luchamos bajo la bandera del que ya ganó la guerra.

Satanás puede enfurecerse. Puede atacar. Pero cada una de sus armas ya ha sido desactivada por la Cruz. Su autoridad es falsa. Sus acusaciones son vacías. Y su futuro está sellado.

Eso no significa que la guerra no sea real. Pero sí significa que luchamos desde la victoria, no por ella.

Y cuando el tirano se levanta, no huimos.

Recordamos a quién servimos.

El Marine Cristiano

Hay un momento de silencio justo antes de que comience una misión —después de la última revisión del equipo, después del último informe, cuando la adrenalina aún espera permiso para liberarse. Es en ese silencio, en esa quietud sagrada, donde puedes hacerte la pregunta más importante que un marine jamás se hará: ¿Por qué estoy haciendo esto?

Algunos luchan por el hombre que tienen al lado. Algunos luchan por su país. Algunos luchan porque aman la guerra. Pero yo lucho porque creo que nací para este tiempo. No por accidente. No por política. Sino por un llamado. Creo que fui colocado aquí—uniforme, fusil, botas, convicción —no solo para derrotar enemigos, sino para representar a Cristo en un mundo que no sabe lo que es la justicia en la guerra.

Esto es lo que distingue a un marine cristiano. No solo el entrenamiento. No solo la dureza. Sino la trascendencia—la conciencia de que no solo somos parte del Cuerpo... somos parte de un Reino.

Un marine sin fe puede luchar valientemente, sin duda. Puede servir con honor. Puede hacer sacrificios. Pero el marine cristiano ve la batalla desde una perspectiva distinta. Cada conflicto es una encrucijada espiritual. Cada vida—civil, enemiga o aliada—es eterna. Cada decisión tomada en la niebla de la guerra tiene repercusiones más allá de esta vida y en la próxima. Llevamos más que munición. Llevamos la presencia de Dios.

Esto no nos hace perfectos. De hecho, nos hace más conscientes de nuestras imperfecciones. El peso de la claridad moral exige humildad. Y cuanto más caminas con Dios en combate, más consciente te vuelves de la fragilidad de la vida humana, del costo de cada bala disparada, del profundo dolor de saber que la justicia, incluso cuando se ejecuta correctamente, nunca debe celebrarse a la ligera.

Pero esta conciencia espiritual es también lo que le da al marine cristiano su fuerza. Cuando has resuelto la cuestión de la eternidad, puedes enfrentar el peligro de manera diferente. Cuando tu identidad está arraigada en Cristo, los insultos no te rompen, y la alabanza no te define. Cuando sabes que el cielo es real y que Cristo está cerca, el valor se vuelve algo natural, no solo porque te entrenaste para la guerra—sino porque te entrenaste para la fe.

He visto a hombres con poder de fuego superior derrumbarse bajo presión, y he visto a marines cristianos cargar a otros sobre sus hombros a través del fuego cruzado, orando mientras se movían, sangrando pero creyendo. No porque fueran más valientes, sino porque estaban más anclados.

Verás, la fe no te hace inmune al miedo. Te hace fiel frente a él.

Te enseña a elegir la integridad sobre el impulso. A resistir la tentación de deshumanizar al enemigo. A servir con determinación, pero nunca con odio. A abrazar la tensión de ser tanto guerrero como adorador, luchador como seguidor, disciplinado como dependiente.

Hay una profundidad de carga moral en el combate que ninguna filosofía atea puede explicar. Cuando estás en el campo de batalla, frente a alguien que te quitaría la vida sin dudarlo, y aun así sientes el peso de su humanidad, la tragedia de su perdición, la sagrada realidad de que él también fue hecho a imagen de Dios—ese es un momento que solo la fe puede interpretar.

Y por eso un Marine cristiano, aunque entrenado como cualquier otro, no es como cualquier otro.

Ve más allá. Apunta con una conciencia temblorosa. Lucha con propósito, no solo por presión. Sabe que cada misión es un teatro de consecuencias espirituales.

Y rinde cuentas no solo a su oficial al mando—sino al Creador.

El Código de Conducta está grabado en la mente de cada Marine. Pero para el creyente, hay otro código—escrito no con tinta, sino con sangre. La sangre del Cordero. El sacrificio de Cristo. El llamado a vivir no solo con honor, valentía y compromiso—sino con santidad, justicia y amor.

Esto no hace al Marine cristiano superior. Lo hace más responsable. Porque con la revelación viene la responsabilidad. Con la fe viene la carga. Con el respaldo divino viene la rendición de cuentas divina.

Y a veces, esa carga no está en apretar el gatillo—sino en contener el fuego. A veces está en orar por el hombre que intentó matarte. A veces está en consolar a un niño civil que ahora teme tu uniforme. A veces está en confrontar a tus hermanos cuando están por cruzar una línea moral.

Esta es la guerra invisible de la que muchos no hablan. El combate interno. Las encrucijadas morales. Las oraciones secretas susurradas bajo un casco. Las confesiones silenciosas después de una misión. La tensión constante entre el instinto de guerrero y la contención piadosa.

El Marine cristiano no solo sobrevive esta tensión. Prospera en ella— porque entiende que la misión es más grande que el territorio. Más grande que las medallas. Más grande que la gloria. Es eterna.

Lucha no solo por la libertad, sino por la verdad. No solo por América, sino por el Reino. No solo por la victoria, sino por el testimonio que su vida dejará mucho después de que la guerra haya terminado.

Y cuando la guerra termine—cuando el despliegue acabe, cuando el uniforme se doble, cuando el campo de batalla se desvanezca—él no cuelga su fe junto con su equipo. Porque para el Marine cristiano, la lucha no termina con la baja. Termina con el regreso del Rey. Hasta entonces, lucha. Ora. Sirve. No perfectamente, pero sí fielmente. No ruidosamente, pero con poder. No para sí mismo, sino para la gloria de Aquel que dio Su vida para rescatar enemigos y convertirlos en hijos.

Hay un momento en cada batalla—espiritual o física—cuando el suelo parece desaparecer bajo tus pies. Cuando los planes se deshacen, la radio guarda silencio, y todo lo que queda es el instinto. Es en estos momentos cruciales cuando un Marine descubre qué es lo que realmente lo ancla. Para algunos, es la ira. Para otros, la venganza. Pero para el creyente, es la presencia—la conciencia inquebrantable de que Cristo está a su lado, incluso bajo el fuego.

Esto no es optimismo poético. Es realidad. Cuando Jesús dijo: "He aquí, yo estoy con vosotros todos los días, hasta el fin del mundo" (Mateo 28:20), no se refería solo a los bancos de la iglesia o a las salas tranquilas de oración. Sino también en las trincheras, en patrulla, en la zona de fuego, en la sala del hospital, en la tienda de vigilancia contra el suicidio, en el momento en que tu compañero se desangra a tu lado, en el silencio después de que has disparado tu última bala, Jesus se refería para siempre.

Y esto es lo que cambia todo para el Marine cristiano. Saber que el Salvador que venció la muerte camina contigo hacia el valle de su sombra. No como una deidad distante, sino como un compañero de batalla, marcado por la misma guerra que vino a ganar—contra el pecado, contra la muerte, contra el mismo diablo.

En Apocalipsis 19, Cristo no es descrito como un cordero manso, sino como un guerrero montado en un caballo blanco, cabalgando con justicia y fuego. Su manto está teñido de sangre—no la nuestra, sino la Suya. El Rey que nos lidera no es ajeno a la guerra. Luchó la más grande en el Calvario, donde la oscuridad reunió toda su fuerza para un asalto final... y fracasó espectacularmente.

La cruz no fue el final de la vida de un mártir. Fue el punto de inflexión en la campaña más grande del universo. Y la tumba vacía es nuestra bandera de guerra permanente—prueba de que el mal puede ser resistido, y que la justicia triunfará.

Por eso luchamos. No porque amemos el conflicto, sino porque amamos lo que el enemigo quiere destruir—la inocencia, la dignidad, la familia, la verdad, la libertad, la fe. El odio de Satanás no es genérico. Es intencional. Quiere quemar lo que Dios construye, esclavizar lo que Dios libera, profanar lo que Dios llama santo. Por eso la guerra, tanto física como espiritual, no se trata de violencia—se trata de preservación.

No somos conquistadores; somos guardianes.

El apóstol Pablo le recordó al joven Timoteo: "Tú, pues, sufre penalidades como buen soldado de Jesucristo" (2 Timoteo 2:3). Esto no era un adorno literario. Era el alma del discipulado. Porque seguir a Cristo es alistarse en una guerra donde las bajas son eternas. Ser cristiano es estar en oposición con toda fuerza que se opone al plan redentor de Dios. No somos civiles en este mundo. Somos operativos encubiertos—rescatistas, intercesores, embajadores en territorio hostil.

Y esto es lo que he aprendido del campo de batalla: el enemigo más peligroso no es el que te carga de frente—sino el que se disfraza. Satanás no siempre aparece con sangre y fuego. A veces viene en forma de comodidad. De compromiso. De entretenimiento. De distracción. Entumece tu discernimiento antes de lanzar su asalto. Y cuando tu espada está roma, y tu armadura está guardada, ataca.

Por eso los guerreros cristianos no pueden permitirse ser casuales. Debemos vivir preparados, no solo en cuerpo, sino en espíritu. No solo en la base, sino en los dormitorios. No solo los domingos, sino en cada momento.

Debemos estudiar la Palabra como si fuera un manual de combate.

Debemos entrenar nuestras mentes como entrenamos nuestros músculos—afiladas, enfocadas, alertas.

Debemos construir resistencia espiritual a través de la oración, el ayuno, la comunidad, la confesión.

Porque llegará el día—si no ha llegado ya—cuando se te pedirá tomar una decisión que podría costarte tu reputación, tu rango, tu comodidad, o tu vida.

Y en ese momento, tu alma se apoyará en aquello en lo que la hayas entrenado para confiar. Si te entrenaste en la autopreservación, huirás. Si te entrenaste en el orgullo, te derrumbarás ante el fracaso. Si te entrenaste en el compromiso, justificarás la retirada. Pero si te entrenaste en la verdad, si aprendiste a oír la voz del Comandante, si caminaste con Cristo en los momentos de quietud, entonces en el caos, permanecerás firme.

No necesitarás gritar para ser escuchado. No necesitarás amenazar para ser respetado. Permanecerás firme porque ya has muerto—muerto al pecado, al ego, al miedo—y ahora vives no por instinto, sino por fe.

Un Marine cristiano no es un superhombre. Sangra como cualquier otro. Llora como cualquier otro. Siente el peso del dolor, el aguijón de la injusticia, el cansancio de la tensión constante. Pero lo que lo hace formidable es que sabe cómo dejar esa carga a los pies de Aquel que mejor la comprende.

No teme a la muerte, porque sabe que no es el final. No se desmorona ante el mal, porque sabe que ya ha sido derrotado. Y no se tambalea por el fracaso, porque sabe que la gracia es más fuerte que la culpa.

El Marine cristiano lucha, no por medallas, sino por la misión. Y la misión es simple: ponerse entre el enemigo y aquellos que aún no pueden ponerse de pie por sí mismos. Ser luz en la oscuridad. Ser protector en una cultura de depredadores. Ser una voz de verdad cuando las mentiras resuenan como truenos.

Puede que no ganemos cada batalla. Pero luchamos cada una como quienes saben cómo termina. No luchamos por un trono. Luchamos porque el trono ya está ocupado.

Luchamos al lado de Cristo. Con Cristo. Y por Cristo.

Y luchamos hasta el día en que suene la trompeta final, y la guerra sea ya no más.

Amén.

BIBLIOGRAFÍA

Aland, Kurt, Matthew Black, Carlo M. Martini, Bruce M. Metzger, and Allen Wikgren, eds. *The Greek New Testament, 4th Revised Edition*. 4 Revised ed. Stuttgart, Germany: American Bible Society, 2000.

Association of Clinical Pastoral Education. "Accreditation." Accessed November 30, 2020. https://acpe.edu/programs/accreditation

Barna Group. *Six Reasons Young Christians Leave Church*. Ventura, CA: Barna Research Group, 2011. https://www.barna.com/research/six-reasons-young-christians-leave-church/.

Barna Group. *The Connected Generation*. Ventura, CA: Barna Research Group, 2020. https://www.barna.com/the-connected-generation/.

Bereit, Rick. In His Service: *A Guide to Christian Living in the Military*. Colorado Springs: Dawson Media, 2002.

Budde, Michael L. *The Borders of Baptism: Identities, Allegiances, and the Church*. Eugene, OR: Wipf & Stock Pub, 2011.

Centers for Disease Control and Prevention. *Youth Risk Behavior Survey: 2023 Summary & Trends Report*. Atlanta, GA: U.S. Department of Health and Human Services, 2023. https://www.cdc.gov/healthyyouth/data/yrbs/.

Kinnaman, David, and Mark Matlock. *Faith for Exiles: 5 Ways for a New Generation to Follow Jesus in Digital Babylon*. Grand Rapids, MI: Baker Books, 2019.

Burrill, Russell. *Reaping the Harvest: A Step-by-step Guide to Public Evangelism*. Fallbrook, California: Hart Books, 2007.

Campbell, I. D. *Matthew's Gospel (opening Up)*. Leominster: DayOne Publications, 2008.

Currier, J. M., Holland, J. M., Rojas-Flores, L., Herrera, S., & Foy, D. (2015). Morally injurious experiences and meaning in Salvadorian teachers exposed to violence. *Psychological Trauma: Theory, Research, Practice, and Policy,* 7, 24–33. http://doi.org/10.1037/a0034092

Dudley, Roger L. and Edwin I. Hernandez. *Citizens of Two Worlds*. Berrien Springs: Andrews University Press, 1992.

Eckerlin, D. M. , Kovalesky, A. & Jakupcak, M. (2016). CE. AJN, *American Journal of Nursing,* 116 (9), 34-43. doi: 10.1097/01.NAJ.0000494690.55746.d9.

Goldingay, J. (2009). *Old Testament Theology, Volume 3: Israel's Life*. Downers Grove, IL: InterVarsity Press, 234.

"Greek Verbs Quick Reference," last modified December 01, 2011, accessed June 22, 2013, http://www.preceptaustin.org/new_page_40.htm.

Herndon, B. (1967). *The Unlikeliest Hero* (Mountain View, CA: Pacific Press Publishing, 78.

Hipes, C., Lucas, J. W., & Kleykamp, M. (2015). Status- and stigma-related consequences of military service and PTSD: Evidence from a laboratory experiment. *Armed Forces and Society,* 41(3), 477-495.

Hoehner, H. W. (1985). Ephesians. In J. F. Walvoord & R. B. Zuck (Eds.), *The Bible Knowledge Commentary: An Exposition of the Scriptures* (J. F. Walvoord & R. B. Zuck, Ed.) (Eph 2:19). Wheaton, IL: Victor Books.

Kaiser Jr., W. C. (1983). *Toward Old Testament Ethics*. Grand Rapids, MI: Zondervan, 75.

Kittel, G., Friedrich, G., & Bromiley, G. W. (1985). *Theological Dictionary of the New Testament* (201). Grand Rapids, MI: W.B. Eerdmans.

Kopacz, M. S., Adams, M. S., Searle, R., Koeing, H. G., & Bryan, C. J. (2019). A preliminary study examining the prevalence and perceived intensity of morally injurious events in a Veterans Affairs chaplaincy spiritual injury support group. *Journal of Healthcare Chaplaincy*, 25(2), 76–88. https://doi.org/10.1080/08854726.2018.1538655

Kraybill, D. B. (2003). *The Upside-Down Kingdom*. Scottdale, PA: Herald Press, 56.

Merriam-Webster, Inc. *Merriam-Webster's Collegiate Dictionary*. Eleventh ed. Springfield, MA: Merriam-Webster, Inc., 2003. 983.

Michael Hoefer, Nancy Rytina, and Bryan Baker. "Estimates of the Unauthorized Immigrant Population Residing in the United States: January 2011." http://www.dhs.gov/xlibrary/assets/statistics/publications/ois_ill_pe_2011.pdf. June 23, 2013. Accessed June 23, 2013.

Mole, Robert L., and Dale M. Mole. *For God and Country*. Brushton: Teach Services, Inc., 1998.

Mota, Natalie, Jordana L. Sommer, Shay-Lee Bolton, Murray W. Enns, Renée El-Gabalawy, Jitender Sareen, Mary Beth MacLean, et al. 2022. "Prevalence and Correlates of Military Sexual Trauma in Service Members and Veterans: Results from the 2018 Canadian Armed Forces Members and Veterans Mental Health Follow-up Survey." *The Canadian Journal of Psychiatry*, September (September), 070674372211252. https://doi.org/10.1177/07067437221125292.

Myers, Allen C. *The Eerdmans Bible Dictionary.* Grand Rapids, MI: Eerdmans, 1987.

Niebuhr, R. (1932). *Moral Man and Immoral Society: A Study in Ethics and Politics.* New York: Charles Scribner's Sons, 189.

Pasquale, Michael, and Nathan L.K. Bierma. *Every Tribe and Tongue: a Biblical Vision for Language in Society.* Eugene, OR: Wipf & Stock Pub, 2011.

Phillips, K., & Tsatalbasidis, K. (2007). *I Pledge Allegiance: The Role of Seventh-day Adventists in the Military.* USA: Keith Phillips.

Rodas, Daniel C. *Christians at the Border: Immigration, the Church, and the Bible.* Grand Rapids, Mich.: Baker Academic, 2008.

Strong, J. (2009). *Vol. 1: A Concise Dictionary of the Words in the Greek Testament and The Hebrew Bible* (20). Bellingham, WA: Logos Bible Software.

Utley, R. J. (1997). *Vol. Volume 8: Paul Bound, the Gospel Unbound: Letters from Prison (Colossians, Ephesians and Philemon, then later, Philippians).* Study Guide Commentary Series (89). Marshall, TX: Bible Lessons International.

Volf, M. (1996). *Exclusion and Embrace: A Theological Exploration of Identity, Otherness, and Reconciliation.* Nashville, TN: Abingdon Press, 117.

Wilcox, Francis McLellan. *Seventh-day Adventists in Time of War.* Takoma Park: Review and Herald Publishing Association, 1936.

Wolstenholm, David. *Combat Ready.* Bloomington: WestBow Press, 2012.

www.ingramcontent.com/pod-product-compliance
Lightning Source LLC
Chambersburg PA
CBHW071309110426
42743CB00042B/1226